# 21世紀の情報とライフスタイル

## 環境ファシズムを超えて

杉原利治

論創社

# はじめに

家庭など人間社会システムは、モノやエネルギーの代謝を基盤として成立している。産業革命以来の近代化は、この代謝を著しくゆがめ、環境問題を深刻化させた。私たちは、この歪みを正し、本来の生活世界を取り戻すことができるだろうか。それはどのようにして可能となるのだろうか。二一世紀に託せられた大きな課題に対して、本書は、情報、環境、ライフスタイルをシステム論的に結びつけ、持続可能な社会を展望する中に、その解答を見いだそうと試みたものである。

本書は、I環境と人間、II情報・環境・ライフスタイル、III持続可能な社会の論理の三編から成っている。環境問題は、私たちの日常生活に由来しているので、その解決には、人間のものの見方や考え方、そして、ライフスタイルが問題となるだろう（I環境と人間）。認識やライフスタイルは、環境・情報がつくり出す人間の内的世界によって規定される。したがって、内的世界の変化をもたらす情報や学習・教育のあり方が、人間と社会システムにとって、極めて重要な意味をもつ（II情報・環境・ライフスタイル）。そこで、情報、環境、ライフスタイルをキーワードにして、社会システムが持続する条件と情報の関係を明らかにし、さらに、そこで果たすべき人間の役割を考察した（Ⅲ持続可能な社会の論理）。

本書は、「家庭生活のシステム論～家庭生活論序説」の構想からスタートした。理工学の徒であった私を、家庭生活のトータルな研究へと導いたのは、経済学者大熊信行の著作であった。彼は、日本におけるシステム論の先駆者の一人に位置づけられよう。彼の理論は、死後も、しばしばとりあげられてきた。しかし、その多くは、解釈に終始したり、生命再生産をスローガンに掲げているにしかすぎず、大熊理論を発展させ、乗り越えようとする試みは乏しかったように思う。

「家の営みを研究対象とするものに、『家政学』という名の雑学がある。……いま一つの生活の経営学であるべき家政学には、およそ『生まれいづるもの』の悩みといったものがない。カラシ種ほどの思想といったものがない。」（大熊信行「家の再発見」『朝日ジャーナル』一九六三年一月二〇日号）

大熊に酷評されてから四〇年近くになろうとする今、家庭など人間社会システムのダイナミズムをとらえようとする理論は、彼が厳しくそれを求めた家政学ではなく、生物学、化学、物理学など諸科学のパラダイムシフトに触発された境界領域に興りつつある。そのひとつを、環境情報論とよぶことにしよう。

生活システム理論の構築には、人間社会システムのインプットとアウトプットをコントロールする情報、そして、人間についての研究（環境情報論）が不可欠であり、その場合、狭義の経済学より、物理・化学的、あるいは生物学的アプローチの方が有効である。畑違いの私が、生活のシステム論的把握というテーマに無謀にも挑戦することになった理由もそこにある。

本書のもう一つのテーマは、人間社会システムを構成する単位、すなわち人間の可能性である。人間の思考や行動を決定するのは、遺伝か学習か、人は先天的に決まるのかそれとも後天的にか。古くて新しいこの問いが、幾度となくくり返されてきた。どちらも重要であるに違いないが、両者のウェイトが議論の分かれ目となる。

現在、急速に進行するヒト・ゲノム計画は、前者の立場を代表している。近い将来、病気や寿命にとどまらず、能力、性格までもが遺伝子レベルで解明され、事故や偶然の出来事をのぞいて、人の一生の道筋が明白になってしまうかもしれない。

このような決定論に対して、本書は異議を申し立てる。遺伝に対して、環境・情報の意味を強調する。脳の可塑性に基づいた人間の可能性、すなわち、環境・情報との相互作用による人間の変化を、人間社会の原動力と考えるのである。環境・情報による内的世界の形成とライフスタイルの自己決定能力の獲得は、いわば、情報化社会における主体形成論である。

情報による主体形成の回復は、IT革命なるものに踊らされることなく、人間にとって情報がもつ意味を再認識することである。それはまた、情報とライフスタイルをてがかりとして、人と人、人とモノとの関係性を回復するプロセスでもある。そして、文化的、経済的グローバル化が、歴史感覚や共同意識の希薄化をもたらす中で、私たちがもう一度、豊かさや幸せの意味を問いなおす作業でもあるだろう。

なお、本書は、非近代を生きてきたアーミッシュにかなりのページをさいている。自律と共生による脱近代化を模索する場合、彼らの社会は、いくつかのヒントを与えてくれると考えるからである。さらにまた、近代の否定から安易な復古主義や倫理渇望論へと至る風潮とあいまって、ファナティックな環境主義が、やわらかなファシズムをもたらすことのないよう願うからである。

著者

# 目次

## Ⅲ　持続可能な社会の論理

# 21世紀の情報とライフスタイル

## ——環境ファシズムを超えて

装丁・大橋理恵

# Ⅰ　環境と人間

――環境問題は人間の問題である

# 第1章　環境問題とは何か？

## 1. はじめに

毎日のＴＶや新聞に、環境問題が取りあげられる昨今である。誰もが環境保護を訴える、一億総環境保護論者の時代である。衣食住をはじめとする物財が過剰なほどにあふれ、物質的に豊かになったから、環境へ目を向ける余裕がでてきたのだろうか。それとも、物質的には十分であっても、精神的には決して豊かでない中で、人々は環境に何かを求めているのだろうか。おそらく、いずれもが正しいだろう。しかし、もし物質的な豊かさを追い求める必要がでてきたらどうだろうか。もしふたたび高度経済成長が望まれるとすれば、その時には環境への関心は、どこかへ飛ばされてしまうのではないだろうか。

私達の考え方は、時代の雰囲気に左右されやすい。環境への関心も、一種のファッションに近い側面も否定できない。しかし、環境問題は、もはや一過性のものではなく、私達が生きてゆく限り、常に関係してくることが明らかになってきた。なぜなら、人間が生活（生産、消費）することは、必ず廃棄物をうみ出すことであり、人間が生きていく限り、環境へ負荷をかけつづけるからである。そしてまた、人間の生活は、健全な環境があって、はじめて可能になるからである。

このように、人間生活にとって本質的に重要な環境問題を考えていくための、基本的な視点と方法は、残念ながら、あまり明確でなかったり、見過ごされたりしてきた。そこで、「私達自身が、環境をどのように把え、環境問題をどのように考えていったら良いか」を、大学生達の授業風景から考えてみよう。

## 2. 水俣病と若者

日本の、いや世界の「公害」の代表として、水俣病は知られている。

筆者は毎年、大学生を対象に、「環境と人間」という題目の授業を行っている。授業ではまず、水俣病のビデオ（『水俣病　その二〇年』青林舎）を学生達と一緒にみる。のたうちまわる患者達。歩行もままならぬ胎児性水俣病患者。人間らしさが感じられぬ会社や行政の鉄面皮の対応。美しい水俣湾の海……。何度みても声がつまる。映像の奥から、患者達が、私達に強く何かを迫ってくる。

授業が終って提出される多くのレポートの中から代表的なものを示そう。


「水俣病、小学校の時だったろうか、社会で習ったことはある。ああ、そういう病いで亡くなった人もたくさんいたんだという程度に思っていた。しかし、水俣病は私の日常と何の関わりもなく、言葉すら忘れかけていた。ビデオを見て久しぶりに記憶がよみがえってきた。

『命を何だと思っているんだ。』泣き叫ぶ母親。ひどいけいれんを起こす子どもとこの母親は毎日生活しているんだ。自分の代わりに水俣病にしてしまった子ども。いつ亡くなるかわからない。けれどその日は遠い日ではない。涙も枯れて、この世から超越したような眼をした母親もいた。I was born. 生まれるということは受け身なんだ。水俣病の子どもたちはあまりに悲しい受け身の姿である。だれが望んで、あのような姿で生まれてこよう。ただわかるのは、あのような姿にしたのも私たちと同じ人間。人間が人間を殺している。環境を汚し、そのしっぺ返しがあの姿なのか。

ビデオの途中で何度も目をそむけたくなった。自然が私たちに示している警告なのか。私はあのビデオを見て、それでこれからどう動けばいいのか。まず何をしたらいいのか。心のみにくい私はまず最初に感じたのは、自分はああならなくてよかった、だ。とても恥しい。だけど、これが本音だ。でもそんなことばかり思っていられない。じゃあどうすればいいのか。前置きしたように、回避することで自分を楽な方向にもっていこうか。しかし、私も毎日の生活の中で環境を少しずつ汚染していっている。ならば、いつかしっぺ返しがくる。まず、忘れてはいけない。過去に、いや現在、水俣病などの病いがあることを。それに苦しんでいる人がたくさんいることを。そして関心をもつことだ。今、確実に環境は汚染されている。とても早いスピードで、フロンガスの問題、森林伐採、放射能汚染など。関心をもたなくてはならない問題はたくさんある。フロンガス、私は毎日ムースを使っている。森林伐採、よく私はわりばしを使う。悪いとわかっていながらしていることがたくさんある。教師になろうとする私たちが、しっかりしなければ子どもたちに何も伝えられない。少しずつ行動を起こさないといけない。

身近な問題として感じなくてはいけない。これから生まれてくる子どもには何の罪もない。子どもたちを苦しめてはいけない。これから大人になっていく私たちがしっかり彼らを守らなければいけない。私たちの背負う課題はたくさんある。まず関心をもって少しずつ環境を大切にしていかなくてはいけない。今からは遅いかもしれないが、今からでも始めなくては。自分は何ともないから……なんていっていられない。自分の子供を守るためにも、身にふりかかってからでは遅いのだ。きれいな地球がいいに決まっている。きれいな花の咲いた地球で、子どもと『きれいだねっ』と言って歩ける地球にしたい。」（TK女）

水俣病は過去の出来事か？　二〇才の学生達がうまれた時、すでに水俣病は大問題になっていた。その意味では彼等にとって、過去の事件かもしれない。しかし、多くの学生達は、自分達とほぼ同世代の胎児性水俣病患者、そして、心ならずも難病の子供を産んでしまった母親達に、自分達を、そして将来の自分達を、重ね合わせて考え始める。ことがらを、自分の側へ引きよせ、自分自身の問題として身近なところから考えようとし始める。ここに、「公害」と「環境問題」との接点がうまれてくる。

学生達は、みずみずしい感受性をそなえているだけでなく、謙虚でもある。たとえば、「〇〇問題を自分のものとして考えていきたい。しかしそこには、どうしても良い子面をしてしまう自分があるのではないか？　ウソがあるのではないか？」と自分自身に問いかける。他人の痛みを自分の痛みとするのは無理がある？　そうかもしれない。しかし、自分と他人、自分と環境とをストレートに結びつけるよりも、このように自分を疑いつつ、ふり返りながら歩もうとする姿勢の方に、環境問題へ真に有効にアプローチできる可能性を見出したいと思う。

## 3. 「公害」という日本語

日本語の「公害」は、いつ頃から使われ始めたのであろうか。一九六〇年以降であることは間違いない。いずれにしても、便利なことばである。広辞苑によれば、「私企業並びに公企業の活動によって地域住民のこうむる人為的災害」と定義される。「公害」を英訳すれば、public nuisance, public hazard となる。「公」は「public」なのだ。しかし、世の中に、「公の害」などというものがあるだろうか。公害には加害と被害のどちらかしかない。中性的な、公の害などはありえない。

但し、加害と被害の因果関係が見え難かったり、加害から被害へ、時間が長くかかったりする場合もある。それを、「公害」と呼んでいたのだ。多くの場合、被害は、「環境」を媒介にして及ぶ。してみると、まず、第一に、環境が被害を受ける（汚染される）ことになる。

英語には本来、public hazardという語は無い。「公害（ＫＯＵＧＡＩ）」に対しては、pollution或いは、environmental pollution（環境汚染）が対応する。pollutionはpollute（汚染する）の名詞形である。英語では、polluteする側（加害側、能動）とpolluteされる側（被害側、受動）とが、ことばの上でも厳密に区別される。この点、日本語はかなりあいまいである。「公害」はまさに、中性的なことばの代表といえよう。英語で障害者は、the handicappedであり、障害を受苦する人々のことを指している。

日本の「公害」は、日本語の「公害（ＫＯＵＧＡＩ）」に象徴されるように、加害を認めようとしない企業、加害と被害の因果関係をなかなか認定しようとしない行政によって特徴づけられる。もちろん、「公害」ということば自身に罪はない。問題は、「公害」ということばを使ってきた、われわれの感性と日本の社会システムの側にある。今、声高に叫ばれている環境保護も、われわれのものの感じ方、考え方にまで踏み込まなければ、形のうえだけで精算した「公害」問題のように、底の浅いもので終ってしまうだろう。

## 4. 「公害」は終わったか

一九六〇～一九七〇年代にかけて起こった、水俣病、イタイイタイ病、四日市ゼンソク等の、激烈な「公害」は、今日、確かに発生しなくなった。各種のレポートにも、日本国内の「公害」は「企業型」から「生活型」へ、「地域型」から「公域型」へと移ってきた、とある。日本の公害防止技術は世界一とも言われている。

本当に「公害」はなくなったのだろうか。かわりに、生活による環境汚染がやってきたのだろうか。企業型公害は姿を消したのだろうか。

一九八八年冬、新聞は、小さな記事を載せた。「有害廃棄物、続々アフリカへ」。ヨーロッパの工業国で生じた有毒化学廃棄物や放射性物質の、アフリカ諸国への投棄が報じられていた。廃棄物を集める会社がアフリカ諸国と契約を結び、お金を払うかわりに、廃棄物を受け入れてもらおうというのである。

この記事は、廃棄物問題を象徴している。なぜなら、廃棄物問題は一般に、次のような特徴があるからだ。

① 人間の生産活動、消費活動によって必ず廃棄物が生じる。

② 廃棄物の処理は、高い経費、長い時間を必要とすることが多い。

③ 廃棄物は、その形を変えたり、移動させられたりするが、根本的な処理をすることは困難である。

④ 廃棄物の移動は、科学的基礎よりは、経済的基準に従って行われる。

したがって、目だたない場所や辺地、貧しい地域へ、廃棄物が集中することになる。つまり、その時々の社会状勢によって、廃棄物の移動先は決定される。よく、「廃棄物問題はトランプのババ抜きに似ている」と言われる。ババは誰かが抜かざるをえない。しかし、誰が引こうと、ババはババである。

国内では、高度成長期にみられたような、有害物質のたれ流し工場はほとんどみられなくなった。しかし、東南アジアへ進出した日本の工場や合弁企業が、かつて日本で問題になったような環境汚染を、現地でしばしば引き起こしている。

日本国内でも、廃棄物が国内を移動している。そして、その移動は、やはり、社会的な力関係によってなされている。

産廃の不法投棄は、日本国中いたるところで見られ、暴力団が関与することも多い。

大都会では、ゴミの処分場（埋め立て場所）がなくなり、ゴミは、都会から遠く離れた山間地に埋め立てられる。下水処理場や放射性廃棄物の処分場（保管場）も、事情は同じである。

生産活動による廃棄物の問題を「企業型公害」、消費活動による廃棄物の問題を「生活型公害」とよぶこともできる。しかし、いずれにしても、廃棄物の問題であり、廃棄物問題の特徴は共通しているので、汚染が無くなることはない。大切なことは、廃棄物（ババ）の生成を少なくすることと、廃棄物（ババ）をつくり出した側が責任をもつことを原則とした廃棄物処理システムをつくることである。

## 5. 廃棄物の拡散と濃縮

人間の生活は、物財の生産と消費によって成り立っている。生産とは、潜在的価値をもっている物（資源とよばれる）に人為的加工を施し、より高い価値をもった物につくり変えることである。消費とは、その逆に、高い価値をもった物を使用して、しだいにその価値を減少させることである。使用され、価値が減った物は、廃棄物として捨てられる。また、生産過程において物の価値を高める時にも、必ず廃棄物が生じる。つまり、生産と消費という人間の活動は、必ず廃棄物をつくりだす。しかも物質は決して消滅せず、その形を変えるだけだから、その処理は、現代の技術をもってしても、大変難しい。たとえば、プラスチックのオモチャを燃やすと、わずかの灰になってしまったようにみえる。しかし、プラスチックが熱で分解して、一酸化炭素、二酸化炭素、アンモニア等のガス、そして、ダイオキシンなどの有害物質になって、大気中に拡散していったにすぎない。物（高分子物質）は別の物（そのほとんどは、低分子物質であるガス）に変換され、そして拡散していったのである。

物の移動について考えてみよう。物の移動は、物の拡散と濃縮に大別される。物理学の教えるところによれば、拡散過程が自然に起こる過程である。つまり、物は、ほうっておけば拡散していく。散らばっていく。この過程は、人為的操作を必要としない。その分、大変安くつくので、経済的価値のみからすれば、大変都合がよい。「公害」の多くは、経費を安くあげるために、廃棄物を自然過程で拡散させたために起こった。もし、有機水銀化合物が非常に高価で、貴重な物であったなら、こっそりと排水中にたれ流すことはなく、水俣病は起こらなかっただろう。洗剤も使い終って水に流し去るのは簡単だが、使用済みの洗濯水から、洗剤を回収するのは容易ではない。原理的に不可能ではないが、非常に高くつく。だから、洗剤は、使い終わったら流し去られる。

しかも、水や空気中の有毒物質の規制は、その濃度によって規定されているので、拡散させ、希釈して、規定濃度以下にすれば、法律上は何ら問題にならないのである。

逆のプロセス、すなわち、濃縮過程はどうであろうか。この過程はその重要さにもかかわらず、今まであまり注意が払われてこなかった。そして不幸にも、水俣病の発生によって、プランクトンから魚、そして人間に至る濃縮過程が否応なく明白になった。つまり、濃縮過程は生物による過程であり、生物なくしては決して（非常に低い確率で、極めてまれにしか）起こらない過程である。人間も生物である。石炭や石油も、もとをただせば、太陽エネルギーによる、動植物、すなわち炭素と水素の濃縮過程の産物だ。石炭や石油が、地球上に、うすく、広く分布していたら、その有用性は小さかっただろう。

## 6. 汚染はなくせるか

物の自然濃縮過程、言いかえれば、生き物による物の変換と移動のプロセスは、工場での濃縮過程に較べて、遅かったり、非能率的にみえる。しかし、この過程しか、有効に、拡散した物をふたたび集め濃縮して、汚染（物の拡散）を回復することはできない。なぜなら、人為的な濃縮過程では、その際に投入されるエネルギーや物が、あらたな拡散を生みだしてしまうからだ。

だが、生物による濃縮には限度がある。人間の活動によってうみだされる廃棄物の量とその生成速度があまりに大きければ、生き物の能力を越えてしまうのだ。植物は、二酸化炭素を濃縮できるほとんど唯一のシステムである。地球の温暖化は、地球上の全植物の能力を越えた量の二酸化炭素が、速いスピードで、人間によって放出されつつある結果だ。また、フロンは、生き物によって濃縮されない化学物質である。

このようなことを考えるならば、人間の社会が今後とも成り立っていくためには、人間の活動そのものが問題となるだろう。人間活動の結果うみ出される廃棄物の絶対量とその速度をおとすこと、そして、処理（他の物への転換や濃縮）が大変困難な廃棄物をうみださないようにすることである。いずれも、現在の人間社会の活性を低下させることになる。現在より、不自由な生活を強いられることもありうる。

人間活動の総体が制限されることは、一人一人の人間の生活も制約を受けることを意味している。「環境にやさしい生活」とは、「自分に厳しい生活」でもある。

環境に働きかけ、影響を与えているのは、私達一人一人の生活活動だ。そしてまた、私達も、環境の一構成要素である。環境に負荷を与えると同時に、環境が被る負荷を、いずれ私達自身も受けることになる。日常生活の一コマ一コマが、環境と直接結びついていることを、いつも念頭におきながら、生活をおくりたいものである。

## 7. 若者の感受性と可能性

そうは言っても、環境のことをいつも考えているのは難しい。「朝シャンも、私一人くらいなら大したことはない」と考えてしまいがちだ。一人の人間のなかで、自分の行動と環境とを結びつける契機になるものは何だろうか。

再び、学生レポートにもどろう。大半の学生達は、水俣病患者のあまりの惨状に驚き、とまどい、憤り、自分の現在と患者達とを照らし合わせてゆく。

「ビデオに出てくる水俣病の被害者の姿は私にとって衝撃的だった。特に、小さな子供が手足をけいれんさせながら、よろよろと歩いている姿は、とてもかわいそう。また、ベッドの上で魔物にとりつかれたように、ものすごい早さでのたうちまわる姿は、映画のエクソシスト以上で、とても人間とはおもえない奇妙な化物のようだった。
現在のわたしにとって、水俣病と水俣病の患者は、遠い存在でしかないと思われてしまう。ビデオの映像が古かったせいもあろうが、私の身近な出来事、近年の日本のこととは実感できない。どうしても、映像でのこと、本でのこととしかとらえきれない。ただ、一番リアルにわたしの心をとらえたのは、被害にあって子供に死なれた母親が、チッソの代表者に、今にもかみつかんばかりに怒り声を上げている姿であった。

頭で知識的にいけないことだと分かっていても、実感のレベルでそれを認識できなければ、実行に移せない。なぜ私はこの水俣病について実感のレベルで認識できないのかというと、水俣病はもう過去のこと、もう終わっているというふうに頭のどこかで理解しているからである。イタイイタイ病、第二水俣病、四日市ぜんそくもまたしかりである。だが、事実、現実どのような実体であるのかは分からない。

では、『水俣病』の問題はもう済んだと終わってしまっていいと私は思わない。私たちは、日々、賃金労働者として会社のもとで働いているが、その会社もしくは資本家は、資本の人化でしかない。資本はたえず利潤を求め、自己増殖をくりかえす化物である。会社、メーカーは、私たちの生活をより物質的に豊かにするために生産を行っているのではなく、利潤を第一に行動目標として活動しているのである。したがって、私たちは、メーカーが利潤第一主義に走りすぎて、公害対策をなおざりにしている状況にならないように目を光らせる必要がある。

結局、これは公害だけに限らず、食品添加物、合成保存料や、長時間過密労働等、人間の生命尊厳を無視するあらゆる企業の行動に対しては、私たちは、鋭く告発し、改善を要求しなければならないということだろう。」（ＭＳ男）

この学生も、少々混乱しながらも、正直な言葉を吐いている。こなれない感情を、こなれない文章で表現したのだろう。「実感できない。できなければ実行に移せない」と。だが、彼は、患者を、「エクソシスト」、「化物」と形容する。そのような貧しい表現は、感受性の未分化なせいなのだろうか。表現の是非はさておき、彼は、問題を、日本の企業社会の矛盾へと回路をつなぐのである。「私たちは、日々賃金労働者として会社のもとで働いているが、……資本家はたえず利潤を求め、自己増殖をくりかえす化物である。……」。いさましいマーチが聞こえてくるようだ。しかし、何十年か前の教科書を読んでいるみたいで味気ない。彼の肉声がとぎれてしまう。この教条主義的な考えは、おそらく彼の責任ではないだろう。大学の教師やもっともらしい教科書が、彼の思考の回路を紋切り型に変えてしまったに違いない。

確かに、日本の「公害」は、企業社会の病理の一断面を表わしている。しかし、この学生にとってもっと大切なことは、水俣病患者を「化物」と感じとった自分の内面を見つめ、つきつめていくことでないだろうか。そうでなければ、環境問題を表面的になぞることで終ってしまうだろう。彼のような二者択一的論理からは、何の方向性も見いだせないだろう。「公害」が表面上見えなくなれば、一般的な「環境問題」へと、するりと変化してしまうことになる。環境問題がやかましくいわれなくなれば、彼の関心も他へ容易に移ってしまいかねない。

一見スマートにみえる考えや説明よりも、どんなに稚拙におもえることでも、自分の心で感じ、自分の頭で考えることを大切にしたい。若者の感受性が、もっともらしい教育や大人の知恵で麻痺したり、眠ってしまうことのないようにしたい。この点で、教育、特に環境教育の役割は重いと思う。

人間はあらゆる動物のなかで唯一、環境破壊につながる行動をする。一方で、人間は、敏感にものごとを感じとり、考え、行動に結びつけることができる。すなおな感受性、心のしなやかさこそが、環境を守っていく人間の武器である。

環境問題は、人間によってもたらされたものであり、物の拡散と濃縮によって説明できる。廃棄物をできるだけ拡散させないこと。生き物の助けをかりて、うまく濃縮させることが、問題の解決法である。そのためにはまず、自然へのやさしいまなざしと、ものごとに対するすなおな感受性が必要となる。

してみると、環境問題は、環境と人間だけではなく、人間と人間との関係も問いかけている。人間らしい環境の保障を求める権利（環境権）や、動植物などの自然にも生存の保障を求める権利（自然権）が提唱され始めている。人間だけが特権者として自然に君臨する時代は過ぎようとしている。それは、人間が人間を差別する時代の終りでもある。そして、○○権というものが、声高に叫ばれる必要がなくなった時、私達に、本当に豊かな社会、成熟した社会の到来が約束されることだろう。

# 第2章　家庭生活から環境を考える

## 1．地球環境と家庭生活

地球環境の危機が叫ばれている。二酸化炭素による地球の温暖化、フロンによるオゾン層の破壊、異常気象の到来、ガンの多発等、多くのことが懸念されている。そしてこれらはすべて、私達の家庭生活と直接結びついている。地球規模のマクロな出来事は、ミクロな、個々の家庭生活によってもたらされた結果なのだ。一見、家庭生活とは関係ないように思える工場での生産活動も、軍事用、宇宙用の特殊なものを除けば、その製品のほとんどは、家庭での消費を前提にしている。したがって、工場の生産活動による環境破壊も、家庭生活と結びついている。このことは、逆に、家庭生活における製品の使用の仕方が、生産過程で引き起こされる環境破壊をなくしていく手だてとなることをも示唆している。

消費社会は、物財が大量に生産され、大量に消費される社会である。最近は、多種多様な商品が少量ずつ生産されるといわれている。しかし、物財総体の生産は増加し続けている。また、物財を生産、消費するのに必要な、水、電気等の消費量も増え続けている。その中で家庭生活の占める位置は重要である。

水についてみてみよう。水は使用されれば必ず汚れる。なぜなら、物は拡散するのが自然過程である（安価である）し、水は、大きな溶解力と流動性を備えていて、物を拡散させるのに大変都合が良い物質だからだ。事実、飲料用としてのわずかの水以外、家庭で使用される水の九割以上は、汚れをおとすために使われている。そして、水質汚濁負荷の五割が、家庭排水によるものである。

本章では、家庭生活のなかでどのように廃棄物がうまれ、その問題点はどこにあるかを考えてみよう。

## 2. 家庭生活の成り立ち

家庭生活はどのようにして成り立っているのだろうか。家族の愛情やきずな？　それらも重要なものには違いないが、家族が生活するための基盤ではない。家庭生活が成り立つためには、家庭を動かす物質的な裏づけが必要である。ここでは家庭を、数人の人間（家族）が生活を営む場と考えよう。人間も含め、多くの要素が有機的に作用し合い、全体組織（家庭）を構成していると考えるのである。

このような有機体をシステムとよんでいる。システムが恒常的に働くためには、入力（インプット）と出力（アウトプット）が必要である。出力には、人間が価値あるものと考えるポジティブアウトプットと、通常あまり注目されなかったり、やっかいなものとされるネガティブアウトプットプットとがある。入力は、水、空気、電気、ガス、材料、製品等であり、出力は、動力や製品、廃物、廃水、廃熱などである。入力から出力へと、物が家庭内を流れてゆくことによって、ポジティブアウトプットが得られる。ネガティブアウトプットは、廃物、廃水、廃熱である。家庭システムにおけるポジティブアウトプットはあまり明確ではないが、子育て、家族の健康維持、活力補給、休息、教育、文化的向上等があげられる（図1）。

### 3．システムと廃棄

システムを動かすには、入力と出力が必要である。他のシステムと比較しながら、家庭システムの特徴を考えてみよう。

入出力を備えた簡単なシステムであるエンジンを例にとろう。ガソリンエンジンは、ガソリンと空気をエンジン内で激しく燃焼させ、爆発で得られるエネルギーを動力として利用する。この場合、最も大切なことは、燃焼の際発生する熱（廃熱）を、冷却して取り去ってやることである（図2）。そうしなければ、エンジンは焼きついて止まってしまう。

もう少し複雑なシステムが工場である。工場では、原料、水、石油、電気等をインプットし、ポジティブなアウトプットとして製品を産出する。同時に、廃物、廃熱、廃水もうみ出される。このネガティブなアウトプットについては、これまであまり重要視されてこなかった。企業は、いかに効率良く製品をつくるかがすべてであって、廃物、廃水はそのまま流されたりもした。それが、「公害」や環境汚染をひきおこしたのである。

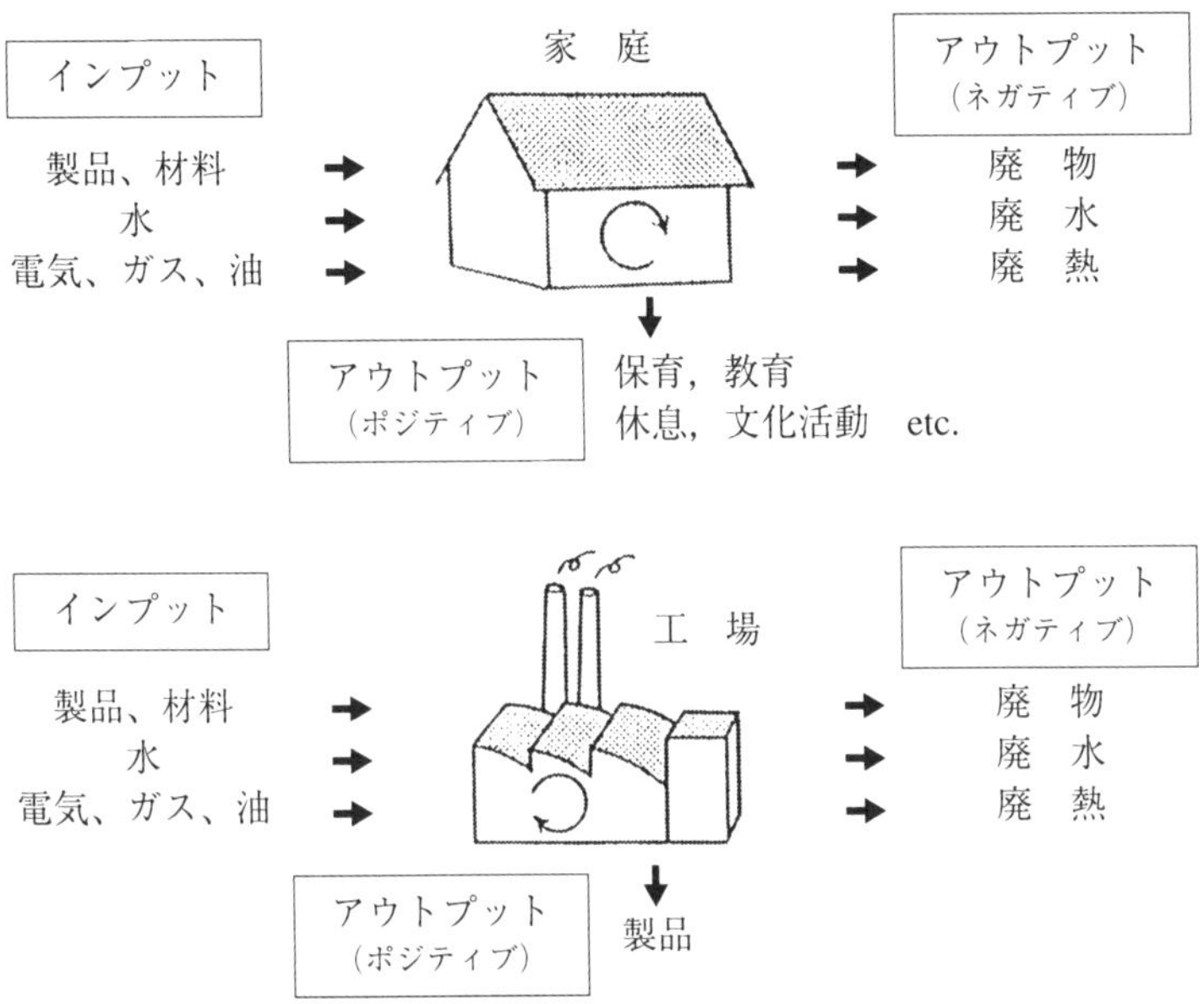


図1．家庭と工場のインプットとアウトプット

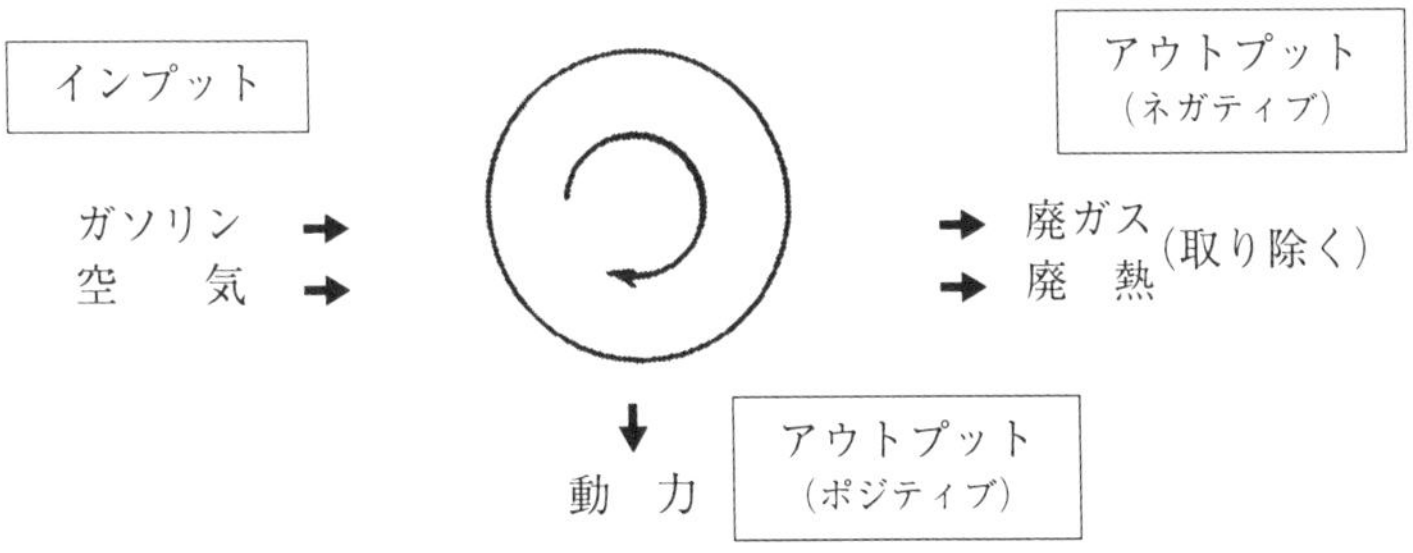


図2 エンジンの成り立ち

私達は、ともすれば、ポジティブなアウトプットのみに目を向けがちであるが、ネガティブなアウトプットこそが、システムを成り立たせるために重要である。エンジンは、熱をうまく逃がさなければ機能しない。他のシステムの場合も同様で、廃物、廃熱をうまく処理できるシステムのみが、存続可能である。

家庭はどうだろうか。工場よりも家庭の方が、ネガティブアウトプットをいいかげんにしか扱ってこなかったのではないだろうか。小さな家庭システムの方が、廃物、廃水は目にふれやすいにもかかわらず、私達は、一円でも安い物、少しでも品質の良い物を入手（インプット）しようと、懸命になってきた。一方、少しでもよい廃棄、本当に合理的な廃棄を心がけてきただろうか。現在、工場システムにおける廃棄の重要性は、広く認識されてきている。家庭生活ももはや、廃棄の問題を抜きにしては語れない段階へ来ている。

## 4. 家庭内のものの流れ

家庭では、一体どれだけの物が使われ、棄てられているのだろうか。残念ながら、完全な統計データはない。二〇〇六年度の日本の国内の物質の流れは、インプットされた原料、資源の量二一・一億t、ポジティブアウトプット（製品）が九・一億t、ネガティブアウトプット（廃棄物）五・八億tである。また、エネルギーや食料の消費、工業プロセス排出が四・一億tある。これらの数値を、日本の世帯数（五〇〇〇万）で割れば、一家庭当りの量が算出できる。一家庭当たり、一年間に、四二・二tの物質をインプットし、一一・六tの廃棄物をアウトプットしていることになる。しかしインプットのほとんど、そしてネガティブアウトプットの八〇%は、物の製造に関係しているので、このままの数値が、家庭当りの量とはならない。

そこで、自分の家庭の物量の出入りを、自分自身で測ってみることにした。一か月間、毎日、はかりを片手にして、家の中をうろつきまわって、家庭の中へどれだけの物が入り、どれだけの物が出ていったかを調べてみた。一か月の間に家庭へ入った物質(水を除く)の総重量は一九六・三kg、出ていった物質(ゴミ)の総重量は六一・三kgであった。ゴミのうち、三六・四kgが町の収集へまわした分、九・〇kgは、新聞、雑誌等を資源ゴミとして廃品回収に出した分、残りの一五・九kgの大半は台所ゴミをコンポスト化した分である。なお、雑排水や糞尿はここには含まれていない。インプットされた水は一九二kg(m³)、それらはすべて雑排水、尿、汗として排出された。また、インプットされた物質一九六・三kgのうち、五九・六kgがストックされた。その内訳は、耐久消費財、書籍、日用品である。これらは早いもので数か月、遅くても数年後には廃棄物として家庭から排出される。

耐久消費財のうち、非常に大型のもの、高価なものは、一か月間の計量にはかからない。自動車と家屋をみてみよう。自動車の重量一二〇〇kg、耐用年数を一〇年とすれば、一か月当りの排出量は一〇kgとなる。さらに、一〇〇tの家に四〇年間住むとすれば、一か月当り七〇kgの廃棄物を出していることになる。

## 5. 耐久消費財のゆくえ

耐久消費財は、廃棄物となっても日常的には排出されない。しかし、先にみたように、自動車や家屋の廃棄物量は、月当りに換算すれば莫大な量になる。耐久消費財は、比較的長い期間使用されることを前提にして製造されている。つまり、物財の本来の寿命は長い。しかしながら、実際に使用される期間はそれよりも短い。表1に、家具、家電製品の保有、廃棄の実態を示す。現在の日本では、別用途に使用したり、回収業者に回したりして、再使用をはかっている割合は少ない。

耐久消費財について最も大切なことは、それがどれだけの期間使用され、どのようにして廃棄されるかである。そして使用期間や廃棄方法を決定するのは、人間の考え方、価値観である。日本や欧米諸国、即ち、消費大国といわれる国々では、耐久消費財の使用寿命は短い。まだ使える製品も、買い換えを促される。このとき、いままでの物は、廃棄物となる。廃棄された物財が、再び別の場所、他の家庭で使用されるならば、その物財の使用寿命は長くなる。残念ながら、再使用を可能にするリサイクルシステムは、欧米諸国に比べ、日本ではあまり発達していない。

耐久消費財は、再資源化も難しい場合が多い。なぜなら、耐久消費財は、単一の物質ではなく、プラスチック類、金属類、木材、ガラス、その他が組み合わさってできているからだ。しかも、その割合は変化してきている。一九七七年と一九九三年を比較すると、鉄は、カラーテレビが二七%から一二%へ、冷蔵庫が六九%から四九%へ、洗濯機が六九%から五二%へと減っているのに対し、プラスチックは、カラーテレビで八%から二六%へ、冷蔵庫で一二%から四三%へ、洗

## 表1　家具・家電製品等の保有と廃棄

| 品　名 | 保有世帯割合 | 保有世帯の平均保有数量 | 1世帯当り平均保有数量 | 廃棄件数 | 平均保有年数 | 廃棄方法 |
|---|---|---|---|---|---|---|
| 机 | 88% | 2.3個 | 2.0個 | 76件 | 12.8年 | |
| イス | 93 | 5.1 | 4.7 | 94 | 9.2 | 下取りに出した　3.1%<br>回収業者に出した　5.6%<br>ゴミとして廃棄　47.2%<br>別用途に使用　37.1%<br>他人にあげた<br>その他　7.0% |
| テーブル | 94 | 2.0 | 1.8 | 47 | 9.0 | |
| タンス | 99 | 4.7 | 4.6 | 50 | 19.9 | |
| 本棚 | 89 | 2.1 | 1.9 | 23 | 10.0 | |
| サイドボード | 53 | 1.2 | 0.6 | 10 | 7.6 | |
| ベッド | 49 | 1.5 | 0.7 | 36 | 7.1 | |
| 下駄箱 | 91 | 1.3 | 1.2 | 58 | 15.7 | |
| テレビ | 98 | 1.7 | 1.7 | 299 | 7.2 | |
| 冷蔵庫 | 99 | 1.2 | 1.2 | 184 | 8.5 | |
| 掃除機 | 96 | 1.2 | 1.2 | 160 | 6.8 | |
| 洗濯機 | 98 | 1.1 | 1.1 | 265 | 7.2 | 下取りに出した　28.5%<br>回収業者に出した　10.8%<br>ゴミとして廃棄　40.8%<br>別用途に使用　14.8%<br>他人にあげた<br>その他　5.1% |
| ラジオ | 88 | 1.8 | 1.6 | 79 | 9.7 | |
| ステレオ | 59 | 1.1 | 0.6 | 21 | 7.5 | |
| ミキサー | 61 | 1.0 | 0.6 | 18 | 6.4 | |
| クーラー | 32 | 1.4 | 0.4 | 4 | 6.0 | |
| 扇風機 | 94 | 1.9 | 1.8 | 65 | 7.9 | |
| スタンド | 87 | 2.2 | 1.9 | 57 | 7.4 | |
| 蛍光灯 | 90 | 5.9 | 5.3 | 143 | 4.4 | |
| 電子レンジ | 20 | 1.0 | 0.2 | 1 | 2.0 | |
| 暖房器具 | 92 | 2.9 | 2.7 | 106 | 6.8 | |
| エアークリーナー | 6 | 1.3 | 0.1 | 3 | 3.7 | |
| 換気扇 | 68 | 1.2 | 0.8 | 28 | 5.3 | |
| トースター | 88 | 1.1 | 1.0 | 115 | 6.1 | |
| 自転車 | 67 | 1.7 | 1.1 | 89 | 6.5 | |

(200家庭の平均「資源リサイクル社会」経済企画庁)

濯機で一二％から三六％へと、大きく増加している。後述のように、プラスチックは大変処理の困難な化学物質である。しかも、処理されたプラスチックの多くは、燃料として使われるのが現状である。またプラスチック類、廃ブラウン管類、非鉄金属類は、いわゆる家電リサイクル法による処理コスト（消費者負担）を上昇させる。

## 6. 食料品とゴミ

食料品は、インプットからアウトプットまでの時間（寿命）が最も短い物財である。短いものは数時間、長くて数か月。一年以上保管されるものは少い。普通、数日から数週間で消費される。したがって、食料品の消費により、日常的に廃棄物が排出される。食料品のうち、食事に供された分は、糞尿となって排出される。また、調理くず、食べ残しも廃棄物となる。

これら食料品からの廃棄物は、本来、微生物によって分解され、植物の栄養源（肥料）として活用可能である。家庭でも、わずかの土地（一m²程）があれば、十分処理できる。

現在、家庭用のコンポスト器が発売されていて、その代金の一部を自治体が負担している地域も多い。

家庭から毎日排出されるゴミの大半は、台所を中心に、日常生活の中でうみ出される。一九九六年度の京都市のゴミの組成は、厨芥類が四二・八％、紙類が二八・六％を占める。また、プラスチックの割合は一二・一％であり、繊維（四・三％）、ガラス（二・五％）、金属（一・三％）の合計よりも多い。一方、昔のゴミはどうだっただろうか。一九一九年、大阪市のゴミは、紙、布、ワラ等の可燃物が三九・五%、土砂、石塊が四四・〇%、厨介類が一二・三%、ガラスと金属類が四・二%である。もちろん、プラスチック類は全く無い。このように、廃棄物は、その量が著しく増大しただけではなく、質的にも、処理が困難なものが多くなってきている。

日常的に排出されるゴミの大半は台所関係によっている。特に最近は、食料品の包装がプラスチック類によって過剰になされている。重量もさることながら、プラスチックの包装ゴミは非常にカサ高い。ゴミの量を一気に増大させてしまう。

## 7. 処理が困難なプラスチック

プラスチックは大変便利な物質だ。成型が非常に容易なので、シート、フィルム、箱、ビン、何にでも加工できる。値段も安いし、丈夫だ。その他、プラスチックの特徴としては、可燃物であること、非常に安定（本来の寿命が長い）していること、使い終るまでの時間（使用寿命）が短いこと、である。

プラスチックは熱に弱いが、薬品、微生物、風雪に対しては、耐久性が大きい。使用寿命が短いにもかかわらず、物質としてプラスチック本来の寿命は長いのである。このことが、プラスチックの処理を大変困難にしている。土に埋めても、土壌中の微生物によって分解されない。分解性プラスチックの研究は、やっとその途についたばかりである。大量に生産され、短期間に使用されるプラスチックは、自然界に長く留まることになる。

プラスチックは燃える。しかし、多くの自治体では不燃物、焼却不適物として回収され、埋め

**表2　ナイロン6の燃焼によって生成する有毒ガス**

| 生成ガス＼温度 | 400℃ | 600℃ | 800℃ | 1000℃ |
|---|---|---|---|---|
| シアン化水素 | 10 | 37 | 106 | 145 |
| 一酸化炭素 | 21 | 191 | 231 | 276 |
| アンモニア | 27 | 0.6 | 12 | 37 |
| 二酸化窒素 | — | 0.4 | 0.1 | — |

単位：ナイロン1gから発生するガスの重さ（mg）．空気中での燃焼．
Sugihara, T.「Evolution of Toxic Gases by Heating Nylon 6」岐阜大学教育研究学部報告（自然科学）1975年，5巻，346ページ

立てられている。なぜだろうか？　プラスチックのあるものは激しく、あるものはくすぶりながら燃える。燃焼とは、空気中の酸素と激しく反応して、分解することであり、その際、多量の熱が発生する。プラスチックの場合は特に発生する熱量が多いので、焼却炉を傷めてしまうのである。

しかし、プラスチックの燃焼で最も深刻なのは、有毒ガスの発生である。私達は、目の前から不用物が無くなれば、処理が済んだと考えてしまわないだろうか。燃やしてしまえば、かさばっていたプラスチックもわずかの灰になる。これで処理が済んだと勘ちがいしてしまう。プラスチックは分解して、見かけ上の形を変えたにすぎない。分解してできたガスは軽いので、容易に移動してゆき、私達のまわりにとどまらず、どこかへ拡散する。そして、それで済んだと思ってしまう。丁度、ゴミを水に流せば、目の前からは消えてしまうように。「廃棄物のババ抜き」と揶揄されるように、ゴミを本質的に処理するのではなく、人間の都合によって、あっち、こっちと、不用物を移動させているにすぎない。また、プラスチックが燃焼してできたガスの総量は、実は、元のプラスチックよりも重いのだ。

有機物の燃焼によって生じた二酸化炭素が、地球の温暖化の原因となっていることはよく知られている。ゴミをはじめとする有機物の燃焼によって、二酸化炭素だけではなく、一酸化炭素、

青酸ガス、アンモニア、塩素ガス等の猛毒ガスも生成される。プラスチック類は、特に有毒ガスの発生が問題となる。たとえば、一gのナイロン6を空気中、一〇〇〇℃で燃やすと、人間二人を致死させるのに十分な量の青酸ガス（シアン化水素）が発生する（表2）。このように、物質の転換によって、思いがけない有毒物が生じたり、予測しなかった出来事が起こったりする。ゴミ焼却場の灰には、猛毒のダイオキシンが含まれている。これは、ゴミの中に含まれる、プラスチックなどの有機物と塩素化合物が、焼却時に反応して生成されるものだ。また、フロンによるオゾン層の破壊も、大気中に放出されたフロン自身ではなく、フロン分子が分解してできた塩素分子によるものである。

このように、物質の転換に伴う様々な問題が複雑にからみ合っているので、ゴミの本質的な処理は大変難しい。

## 8. 家庭とライフスタイル

消費社会は、家庭から大量の廃棄物を排出させる社会である。家庭内の物財の流れが、廃棄物の量と質を決定する。都合のよいことに、家庭は比較的小さなシステムである。成員間のコミュニケーションは、他のどんな社会システムよりも良い。意思決定は、大げさな議論をしなくても容易になされる。小まわりもきく。廃棄物を減らすための行動を起こしやすい社会システムなのだ。

家庭から排出される廃棄物を減らす方法は、家庭へ入る物財の量を減らすこと、廃棄物をなるべく生みださない使用法を心がけること、そして、物財を長く使用すること、である。不用な物を買うことをひかえれば、ネガティブなアウトプットも必然的に減少する。買い物かごをもって、食料品を買うだけでも、過剰なプラスチック類を減らすことができる。また、耐久消費財は、本来長期間使用できるはずのものである。

さらに、廃棄物は、それを生みだした側の責任で、生み出した場所で処理することが原則である。今、家庭排水の問題に対して、早急な解決策が求められている。従来、公共下水道という名の下、自治体に我々の責任をあずけてきた。排水は、下水管に流せばそれでよかった。また、極めて不十分な処理しかできない浄化槽が農村部を中心に広まってしまった。しかし、し尿だけではなく、台所、風呂からの排水もあわせて、各家庭で高度に処理できる合併浄化槽が開発されている。各家庭毎に、それぞれ使った水を浄化でき、処理した水を再び、まわりの小川へもどすことができるならば、私達のまわりの水辺環境はすばらしいものになるにちがいない。

環境保護を叫ぶことはたやすい。だが、そのための行動を日常生活レベルで続けることは難しい。一つ一つの行動は大げさなものではない。誰もが簡単にできる。にもかかわらず、ずっと続けることは難しい。それは、日常生活の行動、習慣が、私達の考え方、価値観と深いところで結びついているからだ。

アメリカ人の生活は、日本人の感覚からすれば、かなり質素である。米国では、自分の家の庭先の芝生の上に不用品をならべ、適当な価格で他人に売るヤードセールが非常に盛んである。どの家庭でも気軽に行なう。筆者が米国滞在中に買い揃えた家具は、すべてこのような日曜日の個人マーケットからのものであった。また、不用品の売買の膨大なリストを掲載したカタログが毎週発行される。売りたい人は、そこへ登録し、買いたい人からの電話を待つ。たいてい一週間もしないうちに、家の中の不用品はすべてさばけてしまう。

日本でも若者を中心に、フリーマーケットの人気がたかい。しかし、日本では外国のように、もう使わなくなったものを、自分の家の庭先にならべて売るという光景は、想像がつかない。売り手には近所の目が気になるし、今まで使われてきた机や椅子を、全く知らない人から買うことにも心理的抵抗がはたらく。

このように考えてくると、リサイクルシステム一つをとってみても、それは単に、物財の流通形態の問題ではなく、私達のものの考え方、価値観の問題であることに気づく。そして、文化の問題にいきつく。今後、どのようなライフスタイルがつくられるか。物の消費や廃棄に関するライフスタイルのゆくえが、日本の文化の在り方を大きく左右することになるだろう。そして、家庭生活は、物の消費・廃棄のライフスタイルが形づくられるにあたって、決定的に重要な役割を担うに違いない。

# 第3章　衣服から環境を考える

## 1. 人間にとって衣服とは何か？

人はなぜ衣服を着るのだろうか？　古くて新しいこの問に答えるのは、なかなか難しい。「衣服を着ていない人間なんて、何て野蛮な……それに、裸では恥ずかしくて、一歩も外へ出られない……」確かにそうには違いない。ヌーディストクラブにでも入会していない限りは。でも、自分も、他の人も、誰もが服を着ていなければどうだろうか。その状態が普通であれば、私達の心の中に、恥ずかしいという感情が起こるだろうか。恥ずかしいと感じるのは、私達がずっと、衣服を着てすごすのがあたりまえの社会の中で暮らしてきたからではないだろうか。

このような事を実験でたしかめるわけにはいかないが、類推することはできる。アマゾンの奥地には、衣服なしで暮らしている人達がいる。彼等は、裸体を恥ずかしいとは感じない。逆に、衣服を着た文明人達がやってくると、彼等は大変不思議がり、衣服の下はどうなっているのかを知ろうとする。「だから、彼等は野蛮なんだ」という声が聞こえてきそうだ。しかし、裸体と野蛮とは直接の関係はない。彼等の文化を形成している習慣の中に、衣服を着ることが含まれてい

図1　衣服を着た人間と環境のかかわり

ないだけなのだ。現在、私達が衣服をまとわずにすごすことができないのは、私達の文明をかたちづくる社会習慣のせいである。

女性のスカート、男性のズボンも、社会習慣のひとつだ。女性のズボン姿は日本では一般化したが、男性のスカート姿はみられない。そんな習慣の中で、男性がスカートをはけば、非常に恥ずかしいと感じる。だから、男性は誰もスカートをはかない。このように、私たちの考え方や行動は、日常の習慣によって、つよく規定されている。

では、人はなぜ衣服を着るのだろうか。それは、衣服という道具を用いて、人間が外界に働きかけることができるからである。外界には、人間を含まない外界(自然)と、人間集団を中心にした外界(社会)とがある。今、「外界」を「環境」とよぶならば、自然環境、社会環境という二つの環境の両方に、衣服は働きかけることができる(図1)。衣服は、自然環境、社会環境に対して働きかけることによって、環境から受ける影響を、人間にとって都合のよいものにすることができるのである。また、環境自身を、修正、変化させることもできる。なぜなら、人間自身も、環境を構成する一要素であるからだ。

生身の人間は、受動的にしか環境に相対しえない。それに対して衣服は、人間が関与できる世界の大きさを、著しく広げるのである。自然的世界にも、社会的世界にも、衣服は様々なかたちで関与するので、衣服のもつ機能は、複雑多岐にわたる。

あらゆる物財は、人間にとって、それ本来の機能だけでなく、象徴的機能を併せ持つ。なかでも衣服は、常に、人間に密着し、人間と共に移動する物財であるので、特に人間的な道具である。その意味において、衣服の利用は、人間が人間であることの証しともいえよう。

## 2. 自然環境への適応

衣服と環境との関係を考えるにあたって、まず、自然環境と生きものとの関係を手がかりとしよう。すべての生き物は、外界に自分自身を適応させねばならない。植物よりも、動きのある動物の方が、そして、動物のなかでも、行動範囲の広い動物が、デリケートで、す早い環境適応を必要としている。

外界から自分を守るのに殻は威力を発揮する。昆虫や亀は丈夫な殻をもっている。ワニやヘビの皮膚は厚い。硬い殻や厚い皮膚は、防御には向いている。が、一方では、微妙な動作の妨げになる。体が成長すれば、脱皮して、新しい殻や皮膚に変えねばならない、昆虫やこれらの動物の多くは、太陽光を受け、体温がある温度に達するまでは、活発に活動できない。気温の低い期間は、冬眠するより他はない。つまり、厚い殻や硬い皮膚は、体温の調節にはむいていない。このことが、これらの生き物の活動範囲と活動期間を、著しく狭めている。

毛皮や羽根はどうだろうか。人間も利用しているこれらの素材は大変優れている。タンパク質成分は皮膚と同じなので、羽根や毛は、皮膚が進化の過程で変化したものに違いない。動物は、季節によって毛が抜けたりする変化は少しあるけれども、本質的には、ほとんど同じ羽根や毛をもっている。つまり、羽根や毛は、優れた素材ではあるが、その変化は小さい。したがって、外界（自然環境）の変動に対応できる幅はかなり小さい。素材を自分の意思で、目的に応じて変化させたり、着脱したりできないのだ。

もし、人間の衣服が、動物のように着換えることのできないものであったならば、人間の活動は、ずい分制限されたものになっていただろう。着脱できない羽根や毛皮は、環境の変化に受動的にしか対応できず、しかもその対応の幅は狭いからだ。

もちろん、大昔に、人間が、羽根や毛皮よりも優れた素材の衣服を発明したとは考え難い。初期の衣服は、ずい分貧相なものであったに違いない。しかしその後、人間は衣服を改良して、むき出しの肉体を巧妙に包み込むことに成功した。

なぜ、人間だけが、そのような道を歩めたのであろうか。人間が体毛を失ってしまった理由は明らかではない。進化の過程の、ほんの偶然の出来事だったのかも知れない。体の表面が、硬い殻や厚い皮膚で覆われることもなく、羽根や毛皮をもっていないむき出しの肌。あらゆる動物の中で、最も弱い体表面。しかし人間は、その弱点をプラスに転化していったのではないだろうか。肌がむき出しであることは、人間の弱さである。が、一方では、外界の変化や刺激を鋭敏にキャッチできる感覚器管をもっていることでもある。触覚を中心に多くの情報を、す早く取り入れられることを意味している。多くの情報を受容すればする程、人間の大脳は発達する。能力の発達した人間は、衣服をはじめとして、様々な道具を発明し、改良していったのだろう（第6章、第7章）。

人間は、他の動物に較べて、生物学的に劣った点を、逆に、自身の能力の向上へと結びつけていったといえよう。その到達点である現代社会では、自然環境は、もう人間のむき出しの肉体が外界の変化を検知しなくても済むほどに、均一にコントロールされてしまっている。しかし、エアコンで自動的に調節された環境の中では、人間が人間であることをつくり出す源になった、むき出しの肉体に備わっている能力の退化が懸念される。

### 3. 衣服のつくりだす快適な環境

人間の肉体は、極めてデリケートにできており、体温三六～三七℃の、わずかの温度範囲でしか健康にすごせない。外界温度の大幅な昇降や内部器官の不調により、体温が正常値からはずれると、満足な活動ができない。体温が四二～四三℃になれば、熱射病、それ以上では、脳に障害をおこしてしまう。低温には比較的耐えられるが、気温が一五℃以下になれば、体表面に鳥肌がたち、人間が昔、動物のように毛を逆立てて、より多くの空気を保温のために取り込もうとした名残りの反応があらわれる。また、体を丸くして、表面積を小さくして、放熱を少しでも抑えようとする。

このような本能的体温調節機能は、ほんのわずかの環境の変化にしか対応できない。そこで、人為的操作によって環境を変化させねばならない。

人間にとってどのような環境が快適であろうか。それは、人間の皮膚に接した空気が、温度32±1℃、湿度50±10％、気流25±15cm／秒に保たれた状態といわれている[1]。これは、亜熱帯気候に近い。このような条件下では、人間は、体温調節を中心とした生理作用のためのエネルギー消費を最小で済ますことができるので、暑くも寒くもない快適さを感じる。

衣服によって、このような微小環境（衣服内気候）をつくりだすこと。これが、衣服の外界（自然環境）への働きかけのなかで、最も重要である。実際、実験によって、様々な衣服内気候と快適さとの関係を調べてみると、上記の環境が快適感を与えることがわかる[2]（図2）。この環境をつくりだすために必要な衣服は、外界の温湿度、風速、人間の産熱量（運動の軽重）などによって大きく異なるので、条件に応じてす早く着脱できる、多種多様な衣服が必要になる。人間が他の動物と決定的に異なるのは、この点である。

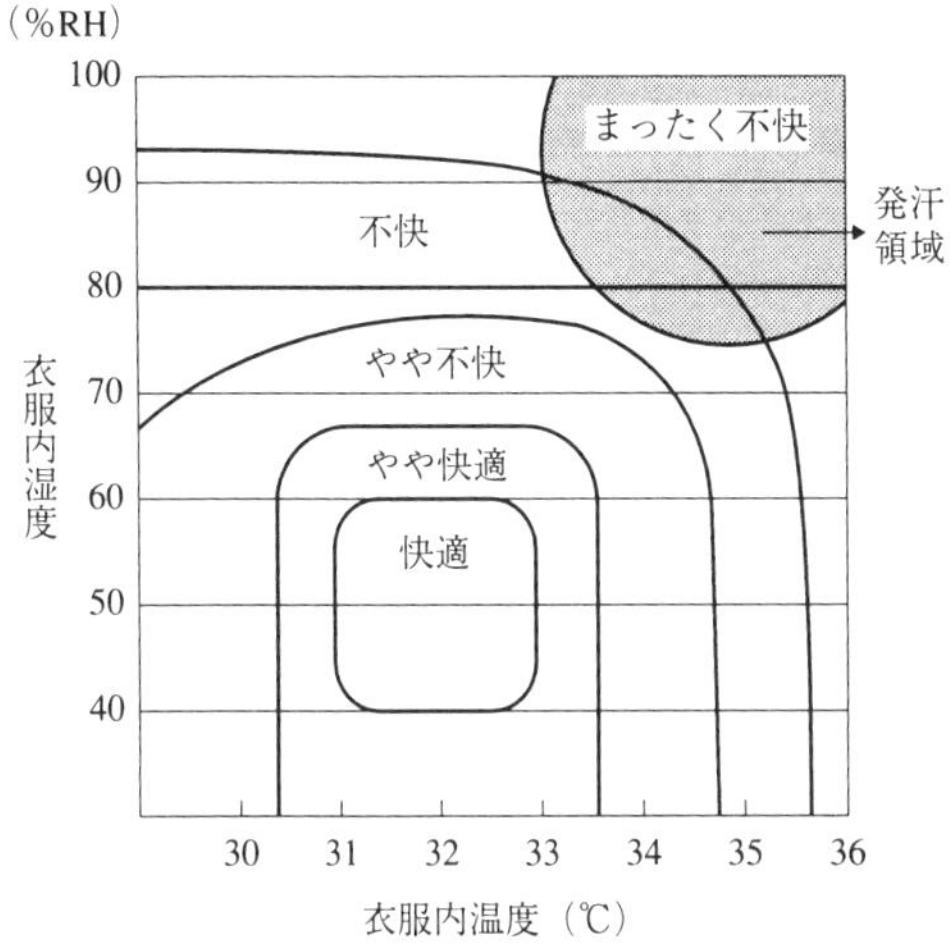


図2　衣服内気候と快適感[2]

## 4. 保温性の尺度、clo値

ここでは、外気温が、快適温度よりも低い

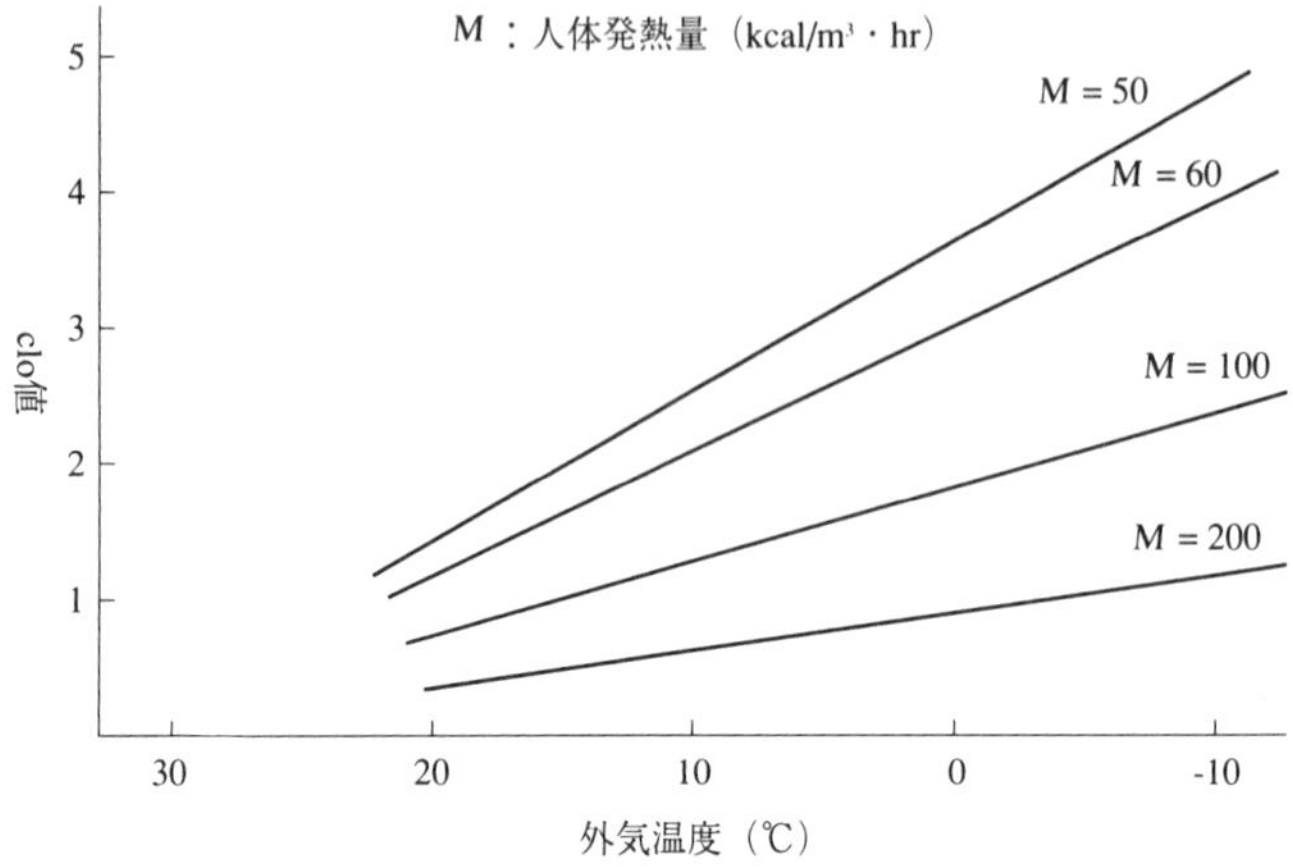


**図3　外気温度と必要なclo値**[3)]

（M=50：静止・安静、M=60：読書・事務、M=100：軽労働、M=200：重労働）

場合の衣服の保温性を考えよう。「衣服一枚は、三℃の気温変下に対応する」と言われている。このことは何を意味しているのだろうか。

衣服の保温性の尺度として、clo（クロー）値が用いられる。cloは、アメリカのA. P. Gabbageらによって提案された。1cloとは、「安静にしている人間（50kcal/$m^2$・hの熱を発生）が、気温二一℃、湿度五〇％以下、気流一〇cm／sの室内で、平均皮膚温を三三℃に保ち、快適と感じる衣服の保温力」と定義される。熱貫流抵抗値で表わすと、1clo＝0.18hr・$m^2$/kcalとなる。

図3に、人体の作業量と外気温、clo値との関係[3)]を示す。ある作業量（発熱量）の時、外気温がわかれば、必要な衣服のclo値が図から求められる。

clo値は、三三℃に皮膚温を維持できることを基にしているので、外気温が三三℃以上の時は衣服の助けを借りなくてもよい。即ち、clo

値はゼロである。気温が低くなる（三三℃より低くなる）につれて、必要なclo値は大きくなる。当然、発熱量の大きな作業（重労働）の時には、発熱量の小さな作業（安静時、読書等）に較べて、同じ外気温でも、必要とされるclo値は小さい。

**表1　衣類のclo値[4]**

| | | | |
|---|---|---|---|
| 下着類 | 男 | パンツ類 0.01 ～ 0.05 | ズボン下類 0.07 ～ 0.17 |
| | | ランニングシャツ 0.07 | 半袖シャツ 0.09 ～ 0.12 |
| | | 長袖シャツ 0.12 ～ 0.29 | |
| | 女 | パンティ類 0.01 ～ 0.08 | ガードル類 0.02 ～ 0.08 |
| | | ブラジャー類 0.01 ～ 0.04 | スリップ類 0.15 ～ 0.22 |
| | | ペチコート類 0.08 ～ 0.13 | シャツ類 0.08 ～ 0.19 |
| | | ストッキング類 0.03 ～ 0.11 | |
| 外衣類 | 男 | 半袖カッターシャツ 0.20 | ワイシャツ 0.24 ～ 0.29 |
| | | カーディガン 0.34 ～ 0.39 | ジャンパー 0.32 ～ 0.51 |
| | | スカート 0.15 ～ 0.35 | 背広上衣 0.52 |
| | | ダウンジャケット 0.98 | コート類 0.68 ～ 0.73 |
| | 女 | ブラウス 0.15 ～ 0.34 | 長袖セーター 0.23 ～ 0.39 |
| | | カーディガン 0.23 ～ 0.48 | スーツ上衣 0.37 ～ 0.42 |
| | | スカート 0.15 ～ 0.35 | ズボン 0.16 ～ 0.28 |
| | | コート類 0.35 ～ 0.73 | |
| 和製 | 男 | 長じゅばん 0.70 ～ 0.84 | ゆかた 0.60 |
| | | 長着類 0.43 ～ 0.74 | 丹前 1.10 ～ 1.46 |
| | | 羽織 0.38 ～ 0.45 | 帯類 0.03 ～ 0.04 |
| | 女 | 肌じゅばん 0.23 | すそよけ 0.23 |
| | | 長じゅばん 0.43 ～ 0.53 | ゆかた 0.59 |
| | | 長着類 0.63 ～ 0.70 | 半コート 0.48 |
| | | ショール 0.29 | 帯類 0.06 ～ 0.14 |

clo値の便利な点は、素材、型、用途の異なる多種多様な衣服を、保温性を中心にした単一の尺度で評価できる事である。表1に、各種衣服のclo値[4]を示す。clo値が〇・一以下の下着から、一を越す丹前まで、幅広い分布をしている。これらの値は単衣についてであるが、重ね着した場合のclo値の算出式も提案されている。

今、読書をしている時、気温が三℃下がったとしよう。人体発熱量M=60kcal/m$^2$・hrの状態にある人が、三℃の気温低下に対して必要とするclo値は、約〇・二七である。この値は、長袖シャツ一枚分に相当する。したがって、この人は、長袖のシャツ一枚を新たに着れば、三℃の気温低下に対応できることがわかる。「衣服一枚が、三℃の気温変化を相殺」できたのである。

## 5. 環境を救う衣服

容易に着脱できる衣服によって、人間の肌に接した微小な環境を、人間の快適なようにつくり変えるだけで、自然環境の変化に対応できる。衣服によってつくり出される環境は、極めて小さな空間であり、しかも、人間と共に容易に移動できるのである。

もっと大きな空間、たとえば室内全体を快適に保つ場合を考えてみよう。室温が二二℃から一九℃に低下した時、暖房によって室温を三℃上げようとすれば、一世帯当り1170×10³kcal／年ものエネルギーが必要である。[3] 石油による暖房では、もちろん石油を消費する。電気による暖房も、電力をつくり出すのに、石油や石炭などの化石燃料を大量に燃焼させねばならない。原子力による発電でも、発電に必要な材料の生産や施設の維持は、ほとんど石油の消費によって成り立っているので、事情は同じである。

ワールドウオッチ研究所の試算によれば、三℃の温度低下をカバーするには、六〇ℓ／年の石油が必要であるといわれている。[5] 石油は燃焼して利用されることが多い。つまり、化学結合エネルギーを、燃焼（熱分解）によって、熱エネルギーへ転換させるのだ。化学製品の原料として使用されたり、電力生産に用いられる場合も、最終的には、熱エネルギーとなって放出される（廃熱）。人間の活動が盛んな都市部の気温が上昇しているのは、このためである。

石油の燃焼、分解は、熱エネルギーの放出だけでなく、地球温暖化の原因となる$CO_2$を大量につくり出す[6]（表2）。また、大気中に放出された後、硫酸や硝酸を含んだ酸性雨の原因物質である$SO_2$や$NO_x$も放出される。$CO_2$等、温室効果ガスによって、地球の気温が一・五―三・五℃増加するとすれば、東京の下町の大半は水没するといわれている[6]。

では、衣服による保温の場合はどうだろうか。長袖シャツ一枚を着脱するには、ほとんどエネルギーはいらない。しかし、長袖のシャツを生産するのに、エネルギーが必要である。繊維の生産、紡績、染色、縫製の各段階に、エネルギーが投入される。衣服はそれ自身、これらのエネルギーの総和とみなすことができる。

長袖シャツ一枚を生産するのに必要なエネルギーは、計算によれば、$31 \times 10^3$kcal（男子用）である[7]。もし、父、母、男児、女児の四人家族で、男は長袖シャツ、女はブラウスを一枚ずつ着用するならば、$74 \times 10^3$kcal のエネルギーを消費することになる。ただし、このシャツは普通、一年で使用済にはならない。もし、五年間着用するとすれば、一家庭では、一年間当り$15 \times 10^3$kcal のエネルギー消費となる。

暖房による場合の年間必要エネルギー量$1170 \times 10^3$kcalと較べると、衣服による微小環境の維持が、いかに効率のよいもの

**表2　重油1 ℓの燃料[a]による生成ガス[6]**

| 生成ガス | 生成量（ℓ） |
|---|---|
| $CO_2$ | 1,500 |
| $SO_2$ | 6.3 |
| $NO_x$ | 1.9 |
| $H_2O$ | 1,200 |

a）燃焼に必要な空気量：11,800 ℓ

であるかがわかる。衣服によるエネルギー消費は、暖房による場合の $\frac{1}{78}$ にすぎない。これは、石油の消費の抑制へとつながる。一年間に、三℃の気温低下を、暖房によらず衣服でカバーしたとすれば、60×（1-1/78）=59ℓの石油がセーブできたことになる。また、石油の燃焼によるガスについてみるならば、$CO_2$が$8.8\times10^4$ℓ、$SO_2$が370ℓ、$NO_x$が110ℓ放出が抑制されたことになる。最後に、衣服の寿命の重要さを指摘しておこう。先に、長袖シャツは、暖房に較べて一家庭あたり一年間$1155\times10^3$kcalのエネルギーをセーブできることを示した。しかし、これは五年間の使用を仮定している。もし、シャツが半年しか着られなかったら、節約できるエネルギーは$1020\times10^3$kcalに減少する。さらに、〇・七か月以下の使用では逆に、室内暖房の方がエネルギー的に有利になってしまう。衣服を使用する期間がいかに大切かがわかる。

## 6. 環境にやさしい素材

長袖のシャツ一枚を着用して、微小な環境を快適にすれば、部屋全体を快適環境にするよりも、はるかにエネルギー（石油）消費を減らすことができる。そしてそれはそのまま、環境汚染防止へとつながる。省エネは、救環境なのだ。

ところで、今までの議論は、繊維素材の違いを無視して進めてきた。長袖シャツが天然繊維と合成繊維の場合では、どのような差があるだろうか。表3に、各種繊維のエネルギー濃度の値[8]を示す。これは、繊維を生産するのに要するエネルギーである。

綿、羊毛等の天然繊維は、ポリエステル、ナイロン等の合成繊維の約 $\frac{1}{4}$ のエネルギーしか

表3　繊維素材のエネルギー[8)]

| 繊維の種類 | | エネルギー A+B (10³kcal/kg) | 直接生産に要したエネルギー A (10³kcal/kg) | 間接生産に要したエネルギー B (10³kcal/kg) |
|---|---|---|---|---|
| 天然繊維 | 綿 | 7.6 | 7.6 | — |
| | 羊毛 | 7.3 | 7.3 | — |
| | 絹 | 9.7 | 9.7 | — |
| 再生繊維 | レーヨン | 37.9 | 27.0 | 10.9 |
| | アセテート | 34.8 | 17.2 | 17.6 |
| | キュプラ | 32.1 | 22.6 | 9.5 |
| 合成繊維 | ポリエステル | 33.5 | 17.7 | 15.8 |
| | ナイロン | 35.0 | 17.2 | 17.8 |
| | アクリル（S） | 34.0 | 23.4 | 10.6 |
| | ビニロン（S） | 33.9 | 27.9 | 6.0 |
| | ポリプロピレン | 12.9 | 7.8 | 5.1 |

（S）はステープル，他はファイバー

投入されていない。四人家族一人ずつ、計四着分のシャツをつくるのに、１kgの繊維を使ったとしよう。そして、紡績、染色、縫製段階に必要なエネルギーに、両者であまり差がないとすれば、繊維素材分のエネルギー差は、ポリエステルと綿の場合、25.9×10³kcalとなる。天然繊維の方が、人工的に投入するエネルギーが少なく、その分、環境への負荷も小さいことがわかる。

天然繊維と合成繊維の必要エネルギーの差は、両者が生成される時のエネルギー転換過程の違いによる。天然繊維のうち、植物繊維は、光合成作用によって、太陽エネルギーを直接転換し、高分子化合物であるセルロースの中に化学エネルギーとして蓄積している。動物繊維も、植物を経由して、高分子化合物であるタンパク質の化学エネルギーとして蓄積している。一方、合成繊維の原料は、石油を中心とした低分子化合物である。石油は、太陽エネルギーが化学エネルギーとして蓄積されたものではあるが、低分子化合物であるため、石油の化学エネルギーを一度解放して、別の化学エネルギーに転換してやらないと、有用な繊維（高分子化合物）にはならない。この転換の過程で、別のエネルギー（電力や石油）を投入する必要がある。これが、天然繊維と合成繊維のエネルギーの差である。この過程で、廃熱、廃物（$CO_2$等）が生じ、環境へ負荷を与える。

素材の違いが、環境への負荷へ関係するもう一つの例は、衣服の廃棄である。綿のシャツは、土壌等、自然界に放置されれば、微生物の働きによって分解される。この時、熱や$CO_2$等の急激な発生、放散はない。一方、ポリエステルやナイロンのシャツは、微生物による分解はほとんど期待できない。したがって、環境中に放置されれば、非常に長期間残存してしまう。

**表4　ナイロン6，ポリエステル1kgからの分解生成ガス**[9)10)]

| 生成ガス | ナイロン6[a)] | ポリエステル[b)] |
|---|---|---|
| CO | 185 ℓ | 74 ℓ |
| $CO_2$ | 382 ℓ | 150 ℓ |
| $NH_3$ | 16 ℓ | — |
| HCN | 88 ℓ | — |

a）800℃，空気中
b）800℃，真空中

合成繊維の衣服をす早く分解するには、燃焼によるしかない。燃焼させれば、$CO_2$等の分解ガスが大量に大気中に放出される[9)10)]（表4）。ポリエステル、ナイロン一kgから、$CO_2$はそれぞれ一五〇ℓ（二九五g）、三八二ℓ（七五〇g）生成される。COは七四ℓ（九二g）、一八五ℓ（二三〇g）生成される。ナイロンではさらに有毒なHCNが八八ℓ（一〇六g）、$NH_3$が一六ℓ（一二g）

生成される。青酸ガスのみについてみても、その量は、大人三三人の致死量に相当する。また、生成ガス全体の重さは、一・五kgに達していて、もとのナイロンの一・五倍にもなる。

## 7. 衣服と社会環境

衣服と社会環境との関わりについては、自然環境ほど簡単ではない。しかし、人間が利用している道具のなかで、衣服ほど人間と人間のあり方に影響を与えるものがないのも事実である。人間と人間の関係は、衣服を着た本人と、衣服を着た他の人々との相互作用によって決まる[11]（図4）。図4の中で、本人と衣服を着た相手との場合（A）、本人と衣服を着た集団の中の相手との場合（B）、衣服を着た集団の中の本人と衣服を着た集団の中の相手との場合

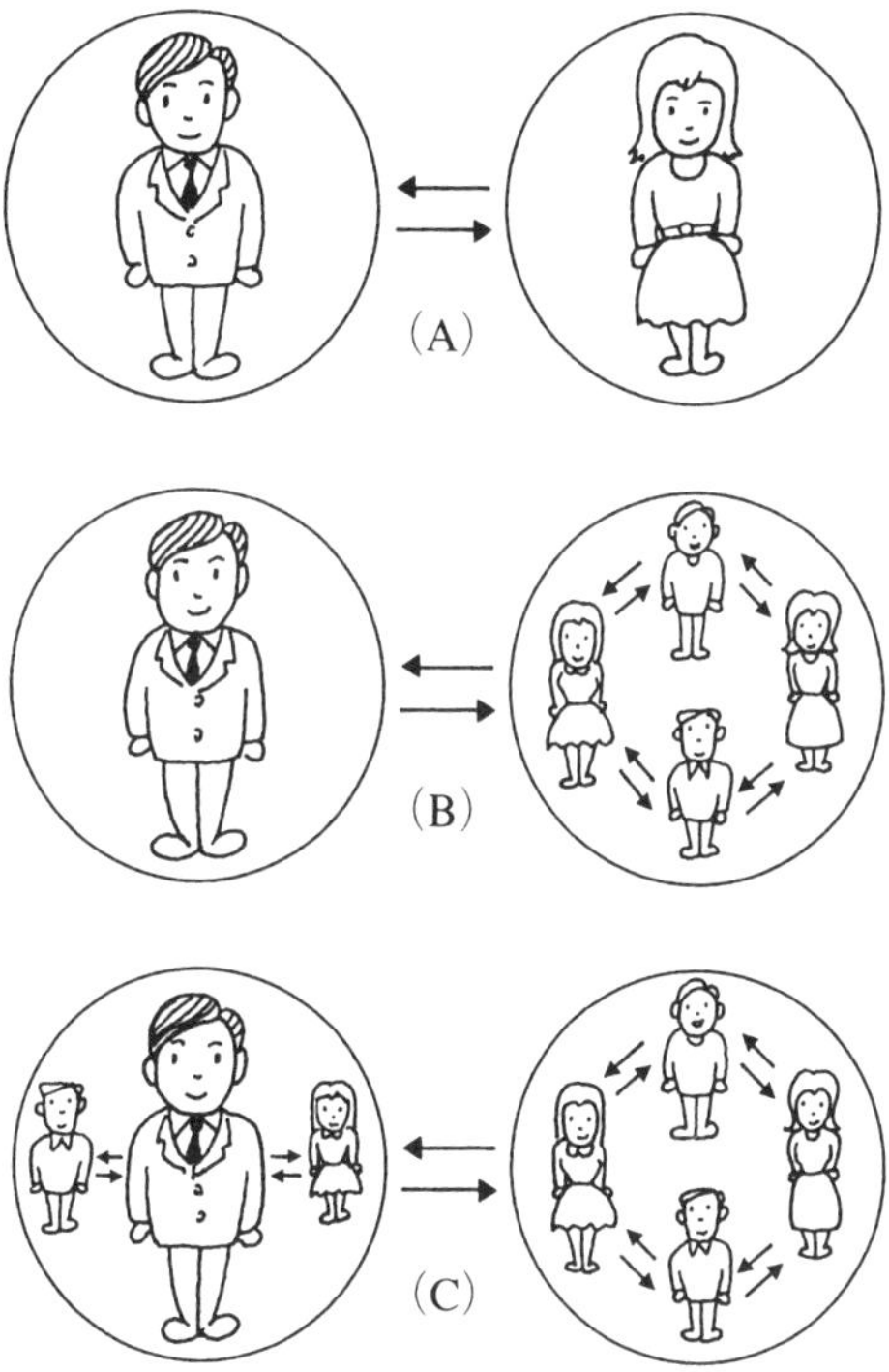


図4　衣類を着た人間と人間の関係
(A) 個人対個人　(B) 個人対社会　(C) 社会の中の個人対社会

（C）では、それぞれ、関係（相互作用のあり方）がちがう。

社会環境は、主として、人間の集合によって規定されている。したがって、人間の集まり方、特に、人間に最も大きな影響を与える道具である衣服のあり方が、人間にとっての社会環境を左右する。そして、それぞれの人間もまた、社会環境を構成する要員である。

衣服が社会のあり方に影響を及ぼすのは、人間の精神活動を通じてである。社会もまた、衣服のあり方や人間の精神活動を左右する。「衣服は時代を映す鏡である」といわれる由縁である。問題は、どのような社会のなかに私達がいて、これから、どんな社会がつくられようとしているかであろう。

技術革新の波は、人間の暮らし方や考え方を大きく変えるに違いない。近未来社会の問題点の一つに、高齢者、障害者をはじめとして、肉体的、精神的にハンディを負った人達のことがあげられる。社会的弱者に対して、高度技術社会、高度情報化社会は、十分な抱擁力をもちうるだろうか。

高齢者用衣服、病人用衣服、身体障害者用衣服も、いろいろ提案されるようになってきた。しかし、その多くは、生理面等、自然環境への対応にとどまっている。今後、衣服と社会環境の関係から、これらの衣服を見直してみる必要があるだろう。

なぜなら、便利な道具が使えるようになったからといって、必ずしも、社会の成員として、十二分に認知されているとはいえないからである。もちろん、ハイテク繊維をはじめとして、新技術の応用も必要である。

このような衣服の追求は、単に、社会的弱者のための衣服の開発にとどまらず、衣服全般、衣生活全体の在り方に、反省を迫るものになるかもしれない。そしてそれはまた、社会環境と自然環境との相関という、未知の領域を切り拓いてゆく一歩ともなるだろう。

註

1) 日本家政学会編『環境としての被服』朝倉書店、一九八八年、三一頁
2) 原田陵司、土田和義、内山生、繊維機械学会誌、二五巻、二〇三頁、一九八二年
3) 森岡敦美、化学と工業、三三巻、四〇四頁、一九八〇年
4) 日本繊維製品消費科学会　繊維製品消費科学ハンドブック、光生館、一九八八年、四〇四頁
5) ジ・アース・ワークスグループ『地球を救うかんたんな50の方法』講談社、一九九〇年
6) 日本環境協会『みんなで守ろう地球の環境』一九九〇年
7) 科学技術庁『衣・食・住のライフサイクルエネルギー』一九七九年、二五二頁
8) 茅陽一編『エネルギー・アナリシス』電力新報社、一九八〇年、二一九頁
9) 喜多信之『プラスチックの燃焼性』工業調査会、一九七五年、四四頁
10) 杉原利治『Evolution of Toxic Gases by Heating Nylon6』岐阜大学教育学部研究報告（自然科学）五巻、三四六頁、一九七五年
11) 杉原利治『豊かさの技術』大衆書房、一九九一年

# 第4章　洗剤から環境を考える

## 1. なぜ洗剤か？

洗濯は、衣生活のなかで重要な位置を占めている。衣服の調達については、どんどん社会化がすすみ、現在の生活では、製造された衣服（既製服）を購入することがほとんどである。その結果、衣服の洗浄が、衣生活の主たる作業となった。クリーニングという洗浄の社会化もすすんでいる。が、家庭で洗剤を用いて洗濯をする作業は、将来も無くなることはないだろう。

洗剤は、簡単に入手できる安価な薬品（実際は、幾種類かの薬品の混合物）であり、家庭で最も多量に使用されている薬品でもある。その使用から廃棄への時間は、せいぜい数十分と、非常に短い。しかも洗剤は、使い終ったら、そのまま排水中に放出される。家庭排水には、洗剤の他に、油、食物くず、垢、浄化槽からの汚濁物等、多くの汚れが含まれるが、インプットされたものがすべてアウトプットされるのは洗剤以外にはないといってよいだろう。

洗剤は、直接肌に触れることも多い薬品である。環境問題、特に水質汚濁や、生態系と人間活動との関係を考えていくうえで、洗剤が格好の例として、早くから問題にされてきた理由も肯け

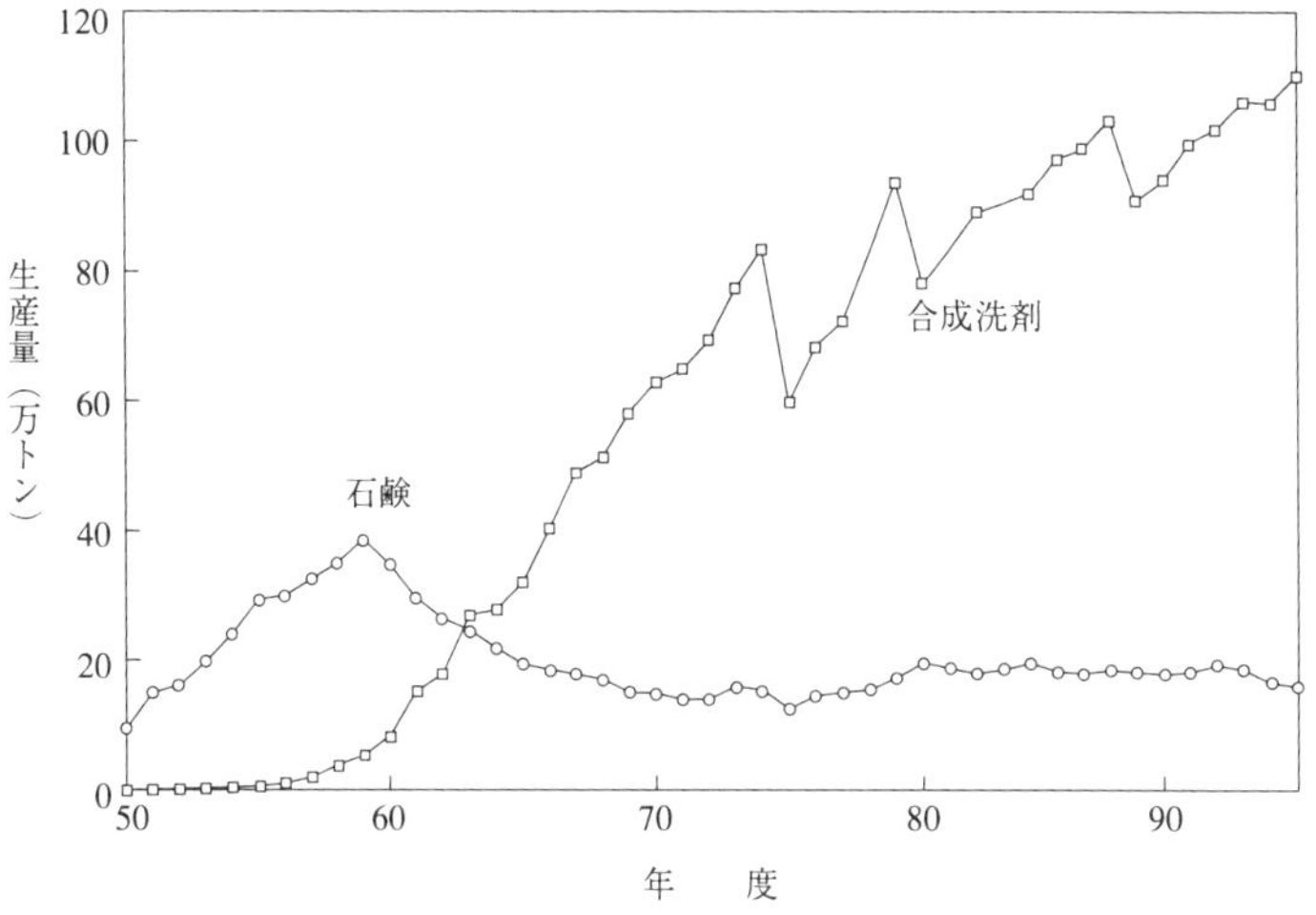


図１　洗剤の生産量

る。

## 2. 量からみた洗剤

家庭の物質代謝という面から洗剤をながめてみよう。洗剤の生産量の年次変化を、図1に示す。このうち一部輸出にまわされるが、輸入製品も最近は多いので、ここでは、一応、国内で生産された洗剤が、国内の家庭で消費されるとしよう。明治二一年、日本で最初に石けんが製造されはじめて以来、戦争期を除いては、その使用量は漸次増加してきた。しかし、洗剤使用量の急激な増加は戦後である。図1をみると、一九五〇年頃より、全洗剤の量が急激に増加していることがわかる。そして、一九六〇年代より合成洗剤が急増し、石けんをはるかにしのいでいった。石けんの生産量はその後ほぼ一定であるのに対し、合成洗剤の生産は、一九七四年のオイルショック時の一時的な減産を除けば、ずっと、増加し続けている。

このように、日本では、一九六〇年代の高度経済成長とともに、洗剤、特に合成洗剤の生産量が急増した。それは、日本の他のほとんどの物財の生産量の増加と軌を一にしている。そしてまた、それはとりもなおさず、日本の廃棄物量の急増とも対応している。

生産された洗剤がすべて国内で消費されたとすると、一家庭あたり、一か月に二・二kgの消費量となる。しかも、日本の平地は狭い。平地面積に対する洗剤の使用量は、八七三四kg／km²（一九九四年）と、世界一である。狭い面積の中で、密に洗剤を使っていることになる。洗剤による環境汚染が懸念されるのは当然である。

以前、「日本の川は急な流れで、長さも短いので、洗剤は短期間に流れ去ってしまう。欧米の大陸河川とは比較にならない。」との主張がなされたこともあった。しかし、洗剤のまま流れ去ってしまおうと、分解されてしまおうと、洗剤由来の大量の有機物が、家庭から河川に、大量に排出され続けることに変わりはない。

## 3. 質からみた洗剤

洗剤と環境の関係を考える時、その量だけでなく、質も重要である。特に、洗剤の主成分である界面活性剤の水中での挙動が問題となる。

界面活性剤は、科学的には大変興味深い物質である。一つの分子中に、親水性部分と疎水性部分という相反する二つのグループをもつ。したがって、界面活性剤は、二つの物体、たとえば、水と油の境界に整列して、両者の親和力を増すはたらきをする。その結果、油と水とは混る。油汚れは水中へ溶け込むのである。

この作用は、汚れを衣服からおとすには大変都合がよい。しかし、見方を変えれば、油と水のバランスを崩すことにもなる。生き物は、水と油の非常にデリケートなバランスの上に成り立っているシステムである。したがって、どのような界面活性剤であれ、何らかの作用を生き物に及ぼす。

生き物の油／水のバランスは、たいてい、最高の状態に保たれている。したがって、界面活性剤は生き物に対して、ほとんどの場合、マイナスの作用を及ぼし、生き物を構成している種々の要素の機能を失わせる。水と油の微妙なバランスが崩れ、生体システムが維持できなくなれば、生き物は死ぬ。

通常、生き物（成体）を死に至らしめるには、かなり大量の界面活性剤が必要である。生体システムのバランスを崩すには、かなりの量の界面活性剤が必要だからである。一方、水中の生き物や小さな生き物、そして成長の初期段階の生き物（精子・卵子）に対しては、界面活性剤が大き

**表1　界面活性剤による酵素パパインの阻害と構造破壊**

| 界面活性剤 | 酵素活性（%） | 空間構造破壊率（%） |
|---|---|---|
| なし | 100 | — |
| 石けん | 96 | 6.6 |
| SDS | 7 | 42.4 |
| LAS | 5 | 61.5 |
| CTAB | 25 | 14.8 |

界面活性剤濃度 0.1%，SDS（高級アルコール系），CTAB（陽イオン系）
杉原利治「界面活性剤の蛋白質に対する作用」（合成洗剤研究誌，2巻，23（1978）

な影響を及ぼす。わずかの界面活性剤でも死に至らしめる。

さらに、生き物を構成している分子のレベルまでおりれば、界面活性剤は生体分子の空間構造を破壊して、その機能を失わせる（表1）。分子自体が壊れたり、分解したりするのではない。分子鎖が折りたたまれてできた分子全体の空間的形態が変化するのみである。このようなわずかの変化が、分子の担っている機能（働き）を失わせる。分子自体を破壊するのでなく、分子の形態のみを変化させてしまう物質を、エントロピー毒とよぶことにしよう。界面活性剤は、非常にわずかの量で効くエントロピー毒である。

生き物を構成する生体分子に対する界面活性剤の強さは、一般に、陽イオン界面活性剤、アルキルベンゼンスルホン酸ナトリウム（LAS）、アルキル硫酸エステル（高級アルコール系）、石けんの順である。しかも、分解性は、ほぼ逆の順である。界面活性剤の環境、生態系への負荷の度合いの差が、これからも推察されよう。

また、界面活性剤は分解されれば、界面活性剤としての性質はなくなるが、分解生成物が無害とは限らない。たとえば、LASはベンゼン環をもっているので、分解すると、フェノール系、フェニール酢酸系の有毒物質が生成される可能性がある。事実、各地の水底の泥からは、環境ホルモンの一種、ノニルフェノールが検出されている。これは、非イオン界面活性剤が分解してできたものだ。

界面活性剤の環境への影響は、前述のようなエントロピー毒や分解生成物の問題といった界面活性剤単独の問題だけではなく、界面活性剤が他の物質と一緒になった場合の複合効果が非常に重要である。環境中には、数千種以上の化学物質が存在する。界面活性剤とそれらとの組み合わせは無数にあり、現時点ではほとんど明らかにされていない。特に油性物質の生き物への作用は、界面活性剤の可溶化力によって増大することが予想される。事実、有毒物質ＰＣＢの作用は、ＰＣＢ単独よりも、界面活性剤が同時に存在するときの方が大きいのである。さらに、実際の洗剤には、他の化学物質も幾種類か含まれているので、それらとの複合作用も考えねばならない。

## 4. 小さな町の小さな試み

かつて、合成洗剤中のリンが河川湖沼の富栄養化の原因になるとして、琵琶湖沿岸の住民を中心にして、リンを含む洗剤の使用禁止運動が広がった。その結果、石けんの使用が広まり、市販される合成洗剤も、輸入品の一部を除けば、無リン洗剤が一般的になった。

しかしながら、一度普及した石けんは、その後、少しずつ使用割合が減少してきたようだ。その原因は、電気洗濯機の洗濯での合成洗剤の手軽さや香り、蛍光増白剤による白い仕上がり等の魅力に抗いきれなかったり、洗剤問題をあまり深刻に受けとめない若い主婦層が増加してきたことによる。つまり、石けんや合成洗剤についての事情が変わったというより、人々の意識が変化したのだ。一方、各地では、廃天ぷら油を原料にした手づくり石けんがじわじわと広がっている。ここで、手づくり石けん運動の一つを紹介しながら、人間が環境保護にどのように取り組めるかを考えてみよう。

岐阜県揖斐郡揖斐川町。人口二万人弱のこの町を流れる揖斐川は、越美山脈から流れ出る大河で、長良川、木曽川と共に、濃尾平野を潤し、伊勢湾へ注いでいる。大都市周辺の河川に較べればまだ十分に美しいが、それでも長くこの土地に住んでいる人々にとってみれば、最近の汚れは耐え難く、多くの人達が何かをしなければと考えてきた。そんな中で、一〇年程前から、主婦を中心とした数人のグループが、廃天ぷら油からの石けんづくりを始めた。

廃油からつくった石けんは、予想以上に洗浄力が強く、衣服やがんこな汚れもの、特に子供の運動靴の洗濯には、抜群の威力を発揮した。洗濯だけでなく、食器洗いにも使う人が増えてきた。揖斐川町六四地区のうちの四地区の有志から始まった手づくり石けんは、公民館での講習会、共同作業を通じて、しだいに他の地区へも広がっていったのである。

## 5. 手づくり石けんの意味

廃天ぷら油からの石けんづくりは、文字通りの廃物利用だ。処分に困っていた、給食センターや官公庁の大量の廃油をひきとって、主婦達が汗まみれ、油まみれで取り組んだ。子供達の食べ残したごはんも利用できる。米のとぎ汁を入れると、でき上がりが白くなる。作業にとりかかると、科学実験をやっているみたいで実に面白い。しかも、でき上がった石けんの洗浄力は予想以上に大きい。

汚れ落ちが良いとなれば、石けんづくりに参加した人達はもう後へはひき返さない。参加できない人達も石けんを使ってみる。口伝えでどんどんと輪が広がる……。という具合には、実際には、ことが運ばなかった。非常に汚れがよく落ちるのに、使い続けようとしない人も多かったのである。手づくり石けんを使う上でのネックは何だったのだろうか。

廃油からつくった石けんは多少黄色い。しかし、米のとぎ汁を加えることによって、白い石けんが得られた。洗浄力は問題ない。一番の問題は、廃油石けんの臭いだった。使用済みの天ぷら油特有の臭い。耐えられない程強烈な臭いでもないし、それ程いやな臭いでもない。洗うこととは無関係な、こんなささいな事から、石けんを使う、使わないという大きな差がでてくる。環境を守る、守らないの決定的な違いは、もとをただせば、ほんの些細な事にすぎない。

揖斐川町のグループは何回も実験をくり返し、ついに、町の花「金もくせい」の香りを、手づくりの石けんの中へ入れることによって、この問題を解決した。

グループの活動は、町の広報活動にも支えられて、大きく花開こうとしている。町では、小規模授産施設の開園をひかえて、廃油からの石けんづくりを、入園者の仕事にしようと考えている。

石けんづくりはカセイソーダを扱うので、危険を伴う。作業には、石けんづくりの経験が豊かな主婦達が、ボランティアとして参加するだろう。園での石けんづくりは、色々な人達の共同の場になるだろう。石けんづくりが広がる中で、地区内、地区間の人々のつながりも、より密になってきている。揖斐川町では、地区民総出の中小河川の清掃作業も活発に行われている。自然環境をまもるのは、一人一人の行動ではあるが、単独ではできないことも多い。多くの人々の同時の行動、地域の共同が必要である。そして、地域の共同作業は、共同意識を高め、さらに、より大きな地域保全のための共同作業をうむ。手づくり石けんの小さな歩みは、それを教えてくれる。

なお、揖斐川町では、その後、牛乳パック回収運動が自然に起こっている。また、大人のみならず、小中学生の川をみつめる目は厳しく、環境保護の意識は高い。

## 6. 白さの文化再考

ローマ時代、石けんは整髪料として珍重された。江戸時代の庶民にとっては、専ら薬であった。保健衛生思想の普及とともに、石けんは洗浄剤として大量に使用されるようになった。第二次大戦中の原料油脂の不足は、石油を原料とする合成洗剤をうみだし、戦後の電気洗濯機の普及と相まって、洗剤使用量は急激に増加したのである。

現在の私達は、洗剤を大量に使用するのがあたりまえの生活をしている。その底には洗剤を大量に使用した結果のきれいさ、清潔さを、「白」で象徴しようとしている私達の清潔感があるのではないだろうか。大量のＣＭの影響もあって、「白さ」＝「清潔」と直感的に結びつけてしまっているのではないだろうか。

白い物とは、光の吸収がなく、すべての光の成分を含んだ光を反射、放出する物質のことである。しかし、私達が日常使用しているほとんどの物質は、そのような理想的な状態にはない。何らかの色がついている。ただ、細かい粉状の物体や細い繊維は、光を反射しやすいので白くみえる。大きな固まりになれば、黄色かったり、黒ずんだりする。このように人間の感覚はかなりあいまいである。しかし、人間の日常的な行動を左右するのも感覚である。

現代の私達には、「白さ」への信仰がある。「白さ」が必ずしも「清潔」を意味しないにもかかわらず、「白さ」を追い求める過剰な「清潔感」にあふれている。合成洗剤に含まれている蛍光増白剤は、汚れを落として白くするのではなく、黄ばんだ衣服に染着して紫外線を放出し、不足している青色系統の色を補って、衣服全体を白くみせるためのものである。このようにしてできあがった白さと清潔さとは何の関係もない。朝シャンは、清潔症候群といわれるように、若者の過剰な清潔意識のあらわれだ。

手づくり石けんには、もちろん蛍光増白剤は入っていない。仕上がりは真白ではないが、これが衣服本来の色だ。手づくり石けんで洗った衣服の本物の白さを発見し、自分の「白さ」の意識がそれに置きかわった時、環境を守るための日常の小さな行動は本物になるだろう。

環境を汚すのは簡単だ。日常生活の中でのいろいろな行動が容易に環境を壊す。一方、環境を保護するのも、日常の一つ一つの行動である。その小さなことが難しい。臭いや「白さ」は、毎日の生活に支障をきたすほど重大なものではない。が、「白さ」に慣れ、「白さ」の中でずっと暮らしている私達が、そこから抜け出すには相当の努力が必要だ。なぜなら、「白さ」も、私達の現在の文化をつくりあげている一つの要素だからだ。「白さ」のもう一つの例として、歯みがきを考えてみよう。ほとんどの人は、毎日、朝起きたら、歯ブラシに歯みがき剤をつけて、歯をみがく。ほとんど何も考えず、全く自然にみがく。時として半分眠りながらも、白く、清潔な歯のためにみがき続ける。

歯みがき剤のなかには、ＬＡＳ等の界面活性剤、そして研磨剤が入っている。台所のクレンザーと同じわけだ。長年歯をみがき続けた結果、大人の歯のエナメル質は削られて、薄くなってしまう。右利きの人は右利きの人なりに、左利きの人は左利きなりに、特定の部分が削られる。歯医者さんが歯をみれば、右利きか左利きか、すぐわかるほどだ、歯医者さんは、たいてい食後、歯ブラシのみで歯をみがく。ブラッシングだけで十分きれいになるからである。

今のところ、歯みがき剤をつけた歯ブラシで歯をみがくのが私達の毎日である。その習慣は、「白さ」=「清潔さ」の信仰に支えられている。青少年向の雑誌では、歯に塗って白くみせるための化粧品(?)まで宣伝している。習慣から抜け出すのは大変なことである。衣服についてみれば、スカートをはくのは女性という習慣がある。もし、男性がスカートをはいて町中を歩けば、大変恥ずかしい。習慣から抜け出そうとすると、このように大きな心理的抵抗や摩擦が生じるのである。

歯みがきにしろ、洗剤にしろ、「白さ」や香りになれ親しみ、無数の「白さ」や香りによってできあがっている私達の日常の習慣を、日常生活のレベルで一つずつチェックしていく必要があるだろう。場合によっては、歯みがき剤によって歯がすり切れ、大変な痛みを感じるまで、習慣からは抜け出せないかも知れない。過剰な「白さ」を求めて、後もどりできない程にまで環境を汚す前に、日常生活の小さな行動を検証していく必要がある。

## 7. 水を使わない生活へ

日本の文化は水に流す文化だといわれる。少々のわだかまりも、水に流せば清算される。しかし、廃棄物は水に流しても清算されない。水に流せば目の前から消え去るが、なくなってしまうわけではない。物は、その形を変えるだけだ。

洗剤も同じである。分解されても物質がなくなるのではないし、必ずしも無害になるわけでもない。界面活性剤の分解生成物についてはまだよくわかってない。環境ホルモン、ノニルフェノール以外にも、おそらく多くの分解生成物が問題となるだろう。いずれにしても、より小さな分子へと変化していくので、大量の炭素や窒素が水中へ放出されることになる。したがって、合成洗剤はもとより、生き物に対する影響が比較的小さい石けんでも、河川のCOD，BODの増加をもたらす。

現在、私達は、一日一人当り約二〇〇／ℓの水を使用している。飲用、調理用に使用するわずかの水（三～六ℓ）を除けば、そのほとんどは洗浄に使う水である。汚れを落すために水を使い、汚れを含んだ水を流し去っている。そのうち三〇％が洗濯用水である。これが現代人の水に流す文化の実態だ（図2）。

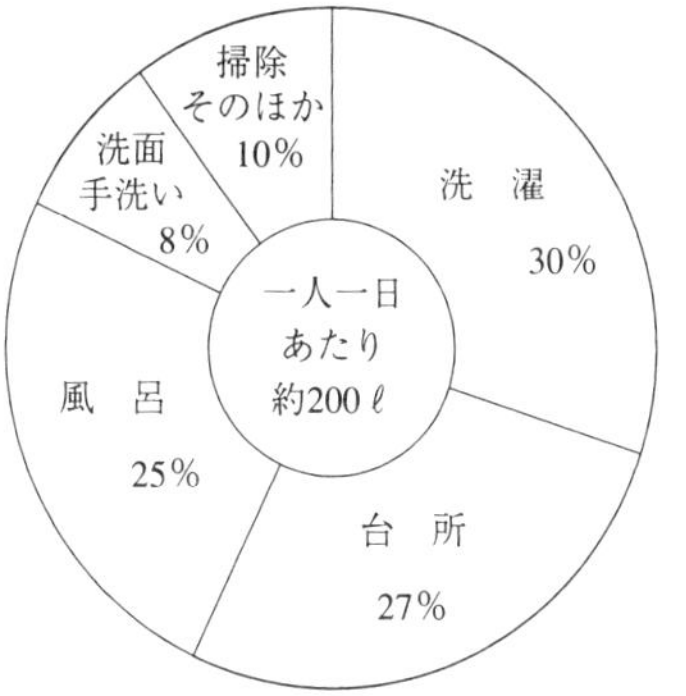


図2　日常生活で使われている水の割合

このようにみてみると、水の汚染を減らす最もよい方法は、汚れの絶対量を減らすこと、そしてそれは即ち、水の使用量を減らすことであることがわかる。もちろん、水の使用量を半分に減らしても、汚れの量が倍になれば汚染度は変わらない。しかし、日常の水を使った汚れ落しでは、そのようなことはありえない。朝シャンの回数を減らせば、水中へ放出される物質は確実に減少する。食器の汚れをあらかじめ、紙や布でふき取れば、食器を洗うのに使用される洗剤と水の量を大きく減らすことができる。

かつて、資源の有効利用の立場から、節水がうたわれた。環境が危惧されている今、環境保護の立場から、節水は、家庭で手軽にできる有効な行動の一つとして、極めて重要な意味をもってきている。

# 第5章　老釣り師たちの川

## 1．はじめに

「環境と人間」を、三人の老人の話しでしめくくりたいと思う。三人のうち二人は故人、もう一人もかなり高齢の老釣り師である。三人の老人のいずれからも、筆者は、直接、間接に、多くのものを学んだ。それは多くの場合、釣り姿を見るだけのことにすぎなかった。けれども、今振り返ってみれば、彼らは釣りだけでなく人生の師であり、環境と人間の関係を考えていく上で、いくつかのヒントを与えてくれた人達である。世の中、こうして生きてはいけないという例は、あまりに多く見聞きする。けれども、こうして生きたいと思わせてくれる人は少ない。それほど豊かでもない人生経験の中で、こう生きたい、とおもわせてくれたのは、なぜか老人の釣り姿であったように思う。

## 2．長良川、最後の川漁師「萬サ」

吉田萬吉、明治四一年生まれ、通称「萬サ」。伝説の川漁師、不世出の釣り師として、その名は広く知られている。長良川の河口から一〇〇㎞ほど上流にある岐阜県郡上八幡町。奥美濃の小京都として古い歴史をもつ郡上八幡町で、第二次大戦前から川漁師として、萬サは腕一本で稼いできた。その卓越した釣りの技は、数々の伝説をうんできた。萬サの一代記については、天野礼子『萬サと長良川』(筑摩書房)に詳しい。

萬サを有名にしたのは、アマゴと鮎である。両者とも珍重される川魚である。特に釣るのが難しいアマゴを、スイスイと釣り上げてしまう技は並大抵のものではない。アマゴはサケ科の魚で、遠い昔、氷河期に川と海とを行き来していたサケ類の一種が、その後の気候変動により、海に戻れぬまま、陸に閉じ込められてしまった魚である。だから、サケ類の幼魚にみられるパーマークが成魚になっても残っている。アマゴは美しく、また大変に美味な魚である。一方で、警戒心が非常に強く、釣り餌には、なかなか引っかからない。

プロとアマチュアの違いは何だろうか。私達でも何十回の釣行のうち一度位は、夢のような釣果にめぐまれることがある。しかし、それは、天候、水況等の条件が、偶然にそろった時であり、他のほとんどの場合は、軽いビクを持って、すごすごと家へ帰ることになる。ところが、プロにはそんなことは許されない。どんな条件下でも、コンスタントに獲物を手にしなければならない。やることは似ていても、遊びと仕事との間には、越えられない程高い壁がある。遊びの延長が仕事になることはあり得ないのだ。萬サは、長良川を舞台に、腕一本で、魚のこと以外はわき目もふらず、七〇年間の川漁師生活を全うした。私が萬サの話を聞き、まがりなりにも釣りの教えを乞えるようになったのは、ずい分後になってからのことだ。萬サはもう七十をすぎていて、一線を退いていた。好きな酒とパチンコで毎日をすごし、気が向いた時に漁に出かけていた。

「もうワシも年だで、アマゴはきつい。たんと歩かないかんでな。足が弱ったわ」

萬サほどの人でも、アマゴをしとめようとなると、かなりの距離、川を遡行せねばならない。伝説の釣り師のアマゴ釣りを、直接目にすることができなくて残念であった。でも彼は鮎釣りは、その後もずっと続けていた。アマゴと違って、鮎釣りはそれ程移動しなくてもよいからだ。

鮎を釣るには、オトリを用いる友釣り、擬餌鈎を用いる毛バリ釣り、そして餌釣りの三通りの方法がある。近年、鮎釣りといえば友釣りをさす程、友釣りの人気が高まってきた。釣れる鮎が大きいし、釣り味が絶妙だからである。友釣りとは、ナワバリをもつ鮎の習性を利用した日本独特の釣りである。鮎は成長するにしたがい、水底の石の上にはえる珪草（コケ）を食むようになる。前年の秋から冬にかけて生まれ、次の夏には成魚となって一生を終る一年魚の鮎は、食欲が旺盛である。一日中石の上のコケを食べ続ける。一日に自分の体重の三倍の量のコケを食べるといわれている。そのため、良い石のある餌場にナワバリをつくり、独占する。そこへ他の鮎が侵入してきたら、体当りをして追い払う。その時、人間が放ったオトリ鮎の尻先に掛けバリがついていて、体に突きささって、釣り上げられてしまうというわけだ。オトリ鮎を操作する難しさと、暴れまくる二匹の鮎を九メートルもの長竿につけた極細の糸で仕止める面白さは、他の釣りにはみられないものである。釣りの期間が、夏の間の数か月と短かいことも、友釣りフィーバーに拍車をかけている。このため、近年人気が急上昇し、友釣り界には芸能人並みのスーパースターが誕生したり、釣技にたけた友釣りのプロが登場している。また、友釣りに魅せられ、夏の間、ウィークデーに毎日釣りに出られるように、サラリーマンをやめてしまう人もいるほどだ。

萬サは鮎釣りの腕も超一級であった。今では素人の日曜釣り師の多くが行う鮎のトバシを、早い時期から郡上八幡で行っていた。オトリと野鮎の二匹を一気に空中へ飛ばし、胸元にかまえたタモの中へスポンと納め入れるのである。

「鮎なんかは、アマゴに較《くら》べりゃやさしいもんやわ。目つぶっとっても釣れる」

萬サは少々茶目ッ気のある人で、実際に目をつむって釣ったり、頭だけの死んだオトリを使って、鮎を釣り上げて見せたりした。

ある年の夏、萬サは愛用のバイクで、川岸につないである船を見廻りに行った帰り、交通事故にあってしまった。足の手術で入院である。このシーズンの鮎はもうあきらめる外はない。釣行の帰り、病室を見舞った私に、窓の外を指さしながら萬サは言った。病院の窓からは川が見えるのだ。

「あそこで釣っとる町の人。あらーあかん。おんなじとこばっかりやっとる。あれでは釣れんわ」

足のケガのことも忘れて、思わず川まで歩いて行ってしまいそうな口振りだった。幸か不幸か、この年は、鮎がひどく不漁の年だった。

「今年の鮎は全然ダメですねー」

「大方、漁協の人間が飲んでまったんやろ」

釣り人の間では、どこの河川でも、漁協の幹部が放流稚鮎の資金の一部を飲み食いに使ってしまっていて、鮎の放流が十分に行われていないのではないかとの噂が、いつも飛びかうのである。

それを、萬サ自身の口から聞こうとは思ってもいなかった。

「漁協の上の方のもんには、野心のあるやつもおるしな」

どうやら、漁協組合長を兼ねている政治家某氏のことをさしているらしい。

「ワシらがやっとった河口堰の訴訟も勝手にやめてしまいおって」

長良川河口部に建設される堰については、治水、利水の両方で、大きな疑問がなげかけられていた。流域の漁民が中心になり、一九七三年一二月におこされた、二万六〇〇〇人余が原告のマンモス訴訟は消滅してしまった。

当時、萬サ達漁協組合員は一致して河口堰に反対していたが、訴訟は漁協幹部に白紙委任してしまっていたのだ。それが後になって、裏取り引きを許してしまうことになるとは、誰一人予想できなかった。

「じゃが、あんなことやっとるヤツらは、絶対に長生きできん」

「ワシんとこは鍛治屋やったが、鍛治屋は早く死ぬ。空気が悪いでな。だから漁師になったんや」

萬サはウマそうに、次々とタバコに火をつけた。相当のヘビースモーカーである。

「タバコの煙も良くないですよ」

一瞬、しまったと思ったが遅かった。

「好きやでな。しょうがない。今でも、タバコと酒だけはなしでおれんわ。女房みたいなもんや」

鮎やアマゴは、大そう高価で取り引きされた。米一俵が八円のころ、鮎一匹が五円になることもあった。だが萬サは、ずっと長良川の支流、吉田川のほとりの長屋風の小さな家にすんで、必要な分以外は全部飲んでしまったらしい。

ある日、私が訪ねた時、裸電球の下で、萬サはもうすでに一杯やっていて、ゴキゲンだった。

「川もこの頃は汚れてきてな。アマゴなんかでも、油臭うて食えんのがおるわ」

「河口堰、あんなもんは本当にイランもんやが、金がからんどるからなー」

「自然の力らには逆らえんのや。この家の裏の吉田川に、役所がコンクリートで流れを変える工事をしたことがあるんや。ところんが、秋の大水で全部流れてしまったんや。元の流れになったんや。川は流れるところが決まっとるんやわ」

人なつっこい目をしばつかせながら、嬉しそうに話す萬サであった。筋金入りの川男の語り口に、あの今西錦司、山本素石らの猛者らも、畏敬の念をもって耳を傾けていたことだろう。

私にとって、一九八七年七月が萬サの釣り姿を見た最後となった。この夏も鮎は不漁であった。例年なら釣り人銀座となる長良川や吉田川も、釣り人はまばらであった。吉田川が長良川へ流れ込む出合い。ここが、萬サの御漁場とよばれている場所だ。水温の低い吉田川が本流の長良川と合流し、複雑な流れと川床をつくり出し、川は深い淵や荒瀬をかかえた絶好の場所となっている。

萬サは川のまん中に船を止め、ジッと釣っている。目の悪い私には、船だけが川の中に止まっているとしか見えない。萬サは、川と一体化してしまっている。この日は特に掛かりが悪く、私の朝からの釣果はゼロ匹。オトリはもうダウン寸前であった。昼近くになって、萬サはスーッと船を寄せてきた。どうやら昼飯を食べに、家へ帰るらしい。

「あのー、オトリがダメになったんですが」

「こん中におるから、どれでも好きなヤツを使ったらええ」

川船の横に無造作につながれたブリキのオトリカンの中には、黒々とした鮎が八匹ほど入っていた。不心得者がオトリカンごと持って行ってしまえば、一匹千～二千円で売れるだろう。実際、長良川ではこんな事件がしばしば起こる。釣りの世界もせち辛くなったものだ。

「じゃー一匹借ります」

「ワシが見とったるでチョッとやってみい」

伝説の川漁師が後で見ている。早鐘のようになる心臓をなだめながらオトリに鼻カンを通し、サッと流れに出してやる。萬サからもらったオトリは、グングンと上流へ泳いでゆく。三m程上ったところで、透明な川床に二つの閃光が走った。瞬間、竿をため、竿を両手で差し上げ、祈るような気持で水を切った。細かな水しぶきを顔にあびた後、左手のタモの中を見た。二匹の白い魚体がクネッっている。

「まーえーやろ」

後を振り向くと、真っ黒い顔の中から、白い歯をみせて萬サが笑っていた。私も意味なく笑った。三年程前、大学病院での目の手術が失敗し、私は右目を失っていた。以前には、九割以上の確率で、飛ばした鮎はスポンとタモの中に入っていたのに、近頃はサッパリだった。にわか片目というのは悲しいもので、近くのものの遠近感がとれない。湯呑茶わんにお茶をそそいでも、外へジャーとこぼれてしまう。飛んできた鮎をタモで受けたつもりなのに、実際は後の岩の上で鮎が息絶えていたり。こんな状態の中で、よくタモの中へ入ったものだ。

その後、萬サと川で会うことはなかった。一九九二年二月一日、胸の病気で体調をくずしていた萬サは、帰らぬ人となった。

「二月一日に、大水がきて、ワシは流れてゆくんや」と言っていたそうだ。二月一日は長良川のアマゴの解禁日である。この日、例年の如く、長い冬の間ウズウズしていた釣り人が、全国からドッと長良川へくり出した。私は解禁日の釣りにも、萬サの葬式にも行かなかった。その年、生きていれば萬サと同じ年の母親の三回忌を済ませた二か月後の四月の初め、萬サの御魚場へ出かけてみた。雪溶け水を合わせた川はとても豊かに流れていたが、今西錦司が「これは本物や」と語ったという最後の川漁師萬サと彼の船は、もうそこにはなかった。

### 3. 長良マスのオヤッサン

もう一人の郡上八幡の釣名人、恩田俊雄。通称オヤッサン。大正五年生まれの老釣り師は、全国的に有名な人である。春から夏のシーズン中には、いくつかのＴＶ番組に出演し、雑誌にも登場する。郡上踊りとともに、オヤッサンの釣り姿は長良川の風物誌である。絵になるのだ。彼は、川を愛する釣り師の集団、吉田川クラブを主宰している。いずれのメンバーも、アマゴ釣りの腕は超一級である。どういうわけか、筆者もクラブの一員に加えてもらっている。オヤッサンの釣り技については、斎藤邦明『釣聖　恩田俊雄』（つり人社）が詳しい。

オヤッサンは、実にサービス精神が旺盛だ。人なつっこい笑顔で遠来の釣り人に親切にアドバイスをする。TVの出演を頼まれれば、炎天下に何度でも撮影の現場に立つ。オヤッサンは、格好良さを大切にする。釣り姿はもちろんのことだが、「男なら大物に挑戦」を信条としている。

彼のアマゴ釣りは、両手で竿を持ち、一瞬のアタリをのがさず魚を仕とめてしまう郡上釣りとして有名であるが、巨大な川魚サツキマス釣りの第一人者としても知られている。陸封化されたアマゴの一部が先祖返りをして、本来の降海型の性質をとりもどし、伊勢湾へ下って巨大なマスとなって再び生まれた川へ帰ってきたものがサツキマスである。その生態は謎に包まれているが、いずれにしても、サツキマスの存在は、長良川が、日本の大河川ではほとんど例外となってしまった天然河川、つまり、海との往来が寸断されていない本来の川であることを示している。河口から一〇〇㎞も遡ってきたサツキマス（サツキの花が咲く頃川を遡ってくるのでこう呼ばれる）を仕とめるのは、多くの釣り人の夢である。ただ、この魚を釣るのは大変難しい。川の状況に精通し、細糸で巨大魚を釣り上げる高度なテクニックが要求される。

サツキマスは限られた時期にしか釣れないので、オヤッサンのアマゴ釣りを観察させてもらうことにする。彼は、軽く、なにげない仕草でエサを打ち込む。エサを流すのではなく、流れにのせてエサを水中へ入れてやり、魚の鼻先まで運んでやるのだ。一般の釣り人にはとてもできない芸当だ。どこに魚がいるかもわからないし、水の流れは複雑である。エサには、釣針や糸もついている。そんなことを思っていた瞬間、水面が割れ、白い魚体が飛んできて、オヤッサンの腰に差してあるタモの中へ吸い込まれた。アマゴとしては最大級の二五センチ程の美しい魚がビクの中で身をくねらせている。キツネにつままれたような一瞬の出来事であった。

恩田さんは、とても研究熱心な人である。欧米の釣りであるフライフィッシングも早くから試みた。八十歳をすぎた今でも、毎年何か新しいことを試みている。大物に切られないための針の結び方、仕掛けのつくり方。大きな魚になればなるほど警戒心が強い。太糸の仕掛けは丈夫だが、魚には見向きもされない。細ければ、魚がかかった時に切れてしまう。強さと繊細さのぎりぎりの接点を、今も追い続けているのだ。オヤッサンには、鮎釣りに何回も同行させてもらった。急な坂をドンドン降りて、河原を歩きまわる足腰の強さは、とてもこの齢の老人とは思えない。息を切らせてついてゆくのがやっとであった。

「この辺でやりんさい。ワシは、上で釣るから」

オヤッサンは、急流、激流の鮎を好んで釣る。激しい流れの大岩まわりには、肩をいからせた大鮎、海から遡上した本物の天然鮎がいるからだ。そこでの釣りは大きなオモリをつけた郡上のガンコ釣りだ。

「大きいのがエー、ビリ鮎みたいなもんはあかん」

昨今の友釣りブームは、一匹でも多くの鮎を釣るために、おだやかな流れのチャラ瀬釣りが中心になっている。だがそこで釣れるのは、市場価値の乏しいビリ鮎が多い。

「男なら、ドーンとやらなあかん」

その日はいつになく好調だった。そのうちに、私の竿に今までにない強烈なアタリ。急いで竿をため、足を踏んばってこらえる。

「抜いてまわなあかん。ダメでもえー」

大きなオヤッサンの声に、イチかバチか、弓のようにしなる竿、キンキン鳴る糸をおもいっきりたくし上げた。抜けたのだ。鮎としては最大級の二四センチ鮎がタモの中にあった。その場にへたりこんで、しばらくオヤッサンの様子を見物することにした。

「ワシは、今日は、金属糸を使ってみとるんや」

当時、ナイロン糸の他に、新しく、金属糸が出まわり始めていた。細くて非常に強かったが、高価なのと取り扱いが難しかったため、私も含め多くの釣り人は、まだ使うのをためらっていた。

「何で金属を使っとるかわかるかね」

「強いからでしょ」

「いや、どこまでやったら大丈夫か、どこらへんで切れるんか試しとるんじゃ」

オヤッサンは、金属糸をテストしていたのだ。彼の釣りは、長い経験に裏づけられている。そしてその話は、実に理路整然としている。金属糸も、彼の理論の一翼を担うためのものだった。

「オモリは、水中での糸の抵抗をなくすために使うんや。オモリを使うと、糸がなくなったと感ちがいして、オトリがよう泳ぐ」

こんな具合に、一般の釣り人の常識をくつがえしてしまう。

「金属糸を使うと、糸が細かいんで水の抵抗が小さい。その分、小さいオモリで済むんや」

こんな恩田さんの一番の心配は、川の汚れと長良川河口堰である。「上流から、農薬や合成洗剤が流れてきて、川がどんどん悪うなってきとる」

「河口堰ができたらマスが上ってこれんようになってまうわ。天然鮎も全滅や」

いつも明るく、豪快に笑いとばすオヤッサンの顔がくもり、厳しくなる。

「このまんまいくと、川はエライことになってまう。年寄りが死んでも死にきれんわ」

毎日、川面を眺めながら、オヤッサンはそう思いつづけている。

## 4. 老人と少年

老人は明治三八年生まれ。少年がものごころついた頃からもう老人だった。老人は毎日、釣りに出かけた。晴れた日も、雨の日も、風の日も。もちろん、魚釣りが職業ではない。こんな釣りは一銭にもならないのだ。遊びだろうか？　とにかく、一年三六五日、釣りの生活である。

長良川と揖斐川にはさまれた濃尾平野には、当時、無数の野地や小河川、そして、二つの大河、長良川と揖斐川があり、釣り場所にはめぐまれていた。老人が釣ってくるのは、中下流域に生息する魚、フナ、コイ、ハエ、ウグイ等であった。鮎やアマゴのように貴ばれる魚ではない。

老人がいつ頃から、毎日釣りに行くようになったかはわからない。戦争から復員してきた後であることはまちがいなかった。赤紙のくる年齢はもうとっくに過ぎていたけれども、士官学校を出ていたために徴兵されたらしい。戦争中、弾がわき腹を貫通していた。しかし、戦争については、一語も話さなかった。傷痍軍人の申請もしていなかったので、国からもらう金は一銭もなかった。どんな意味でも、戦争との関係を断ち切っておきたかったらしい。ただ、戦場で大声を出しすぎたので、咽がつぶれてしまっていた。独得のシャガレ声が戦争の跡を漂わすとともに、老人の風貌を極だたせていた。

老人が少年を釣りに連れて行くことはほとんどなかった。しかし、ある春の日、何を思ったのか、「今日は、一緒に来い」といって、スタスタと歩き出した。

川がゆるやかにカーブしたあたり。ここは流れが土手をえぐり、深いよどみになっていて、良いポイントらしかった。柳の根の下あたりに投入されたウキが、スーッと横へ動く。

「上げよっ！」との声に、少年が竿をしゃくると、くりくりとした手応えで、丸々と太ったフナがウラメシそうな顔をして水面に顔を出した。次は、二五センチ位のコイ。少年にとってはかなりの大物である。老人は、タバコの臭いを近づけながら、少年の竿に手をそえ、タモの中へ魚を導き入れた。

菜の花の香りが漂う堤防で、ツクシをつみながら、少年は、初めての大釣りにウキウキしていた。この日の収穫物はビク一杯。こんな大漁でどうしようか。家へ帰ってからの魚のさばきや料理に頭を悩ませている少年を横目に、老人はサッサと帰って行く。そして、途中で一軒の小さな家に立ち寄った。そこは母親と子供達だけの家庭で、その集落の中でも、特に貧しい家であることを少年は知っていた。老人は裏口へまわり、しばらくするとカラのビクをさげて戻ってきた。相変わらず何もしゃべらない。ただ黙って歩いて行く。少年も黙ったまま家へ帰った。

家では、春先の大水のことで何やら騒がしかった。天気が大きく崩れ、大雨になるらしい。大河川にはさまれたこの辺りは、梅雨や台風時でなくても、激しい降雨のあとは、田畑や道路が簡単に冠水するのだった。そのたびに、あちこちで道路が寸断され、学校へ行くにも、ぐるっと、う回する必要があった。揖斐川や長良川にかかる橋はわずかしかなく、渡し船はもちろん、洪水時に水中へ没する橋（通称、もぐり橋）は、大雨の後は使えないので、対岸へ行くためには、ずいぶん遠まわりをして、何㎞も先にある橋を渡らねばならなかった。

「政治家や役人が飲み食いをやめたら、橋なんかはいくつでもかけられるわ」

こんな話など一度もしたことのない老人が語気荒く話すことの意味が、少年にも何となくわかった気がした。壁にかかったカレンダーに一九五六年とあったことを、少年はふしぎにはっきりと記憶している。

この年は、日本が国連に加入した年でもあった。その後何十年間、老人は同じように毎日魚釣りに出かけた。しかし、老人と少年がいっしょに釣りに出かけることは、その後一度もなかった。

一九八〇年六月、旅先で老人は逝った。心臓の発作らしかった。この年の二月、寒空の下を、老人は三〇㎞もはなれた野池まで、自転車に乗って釣りに出かけた。この時、風邪をこじらせ、肺炎にかかっていたらしい。年をとってからの肺炎は静かに進行する。無理な釣行のツケが、何か月か後にふいにまわってきたのだ。

誰もが、老人は川で死ぬものだと思っていた。本人もそう考えていたにちがいない。だが、実際は、山里の小さな旅館の畳の上で冷たくなっていた。少年は、老人の遺体を引き取りに行った。不思議と涙は出なかった。冷たくなった老人といっしょに家へ帰る車の中で、少年は、どうして老人が毎日釣りに出かけていたか、その意味が少し了解できたような気がした。

老人は、少年（筆者）の父、杉原尚夫である。

## 5. 川と人間

川や水辺は、人々の毎日の生活とほとんどかかわりをもたなくなってきた。今や川は、国（建設省、現在の国土交通省）が独占的に管理する水路にすぎない。ちょうど道路が、人や車をスムーズに動かすのと同じように、川は水を上流から下流へと流し去るためのものになっている。実際、法的には、川は道路と同じ扱いをうける。

水路はまっすぐな方が効率が良い。降った雨を早く下流へ、そして海へと流し去ってしまうことができる。そのため、日本中の河川はどんどん改修がすすみ、護岸がコンクリートで固められたまっすぐな川、うすっぺらい流れの川に変えられてきた。蛇行して流れるのが自然河川であり、そこには、急な流れの瀬と青い水をたたえた淵が交互に連続する。が、そんな河川は、本当にまれなものになってきた。まっすぐな川は、小石や砂利が堆積して、どんどん浅くなる。平板な、起伏のない流れ、固められた土手は、いろいろな魚、昆虫、鳥がすんだり、繁殖したりするのには向いていない。日本中の川という川は、生きものとは縁のない、死の川になりつつある。

川をまっすぐにして、す早く水を流し去ってしまえば、途中では水が不足する。したがって、もう一方では、ダムや堰によって深みを人工的につくり出さねばならない。せき止められた水はよどんでしまう。また、水が止められた下流部の流れは、細くなってしまう。このような悪循環をくり返してきたのが、治水という名の日本の河川管理である。なぜこんな状態になってしまったのだろうか。それは、人と河川とのかかわり合いが希薄になったためである。

河川は、人間に恵みをもたらしてくれると同時に、洪水によって財産や生命をおびやかす。プラスとマイナスの両面を川はもっている。人口が平野部に集中し、しかも多雨型気候の日本の場合、川をおさめ、川とうまくつき合うために、人々は大きなエネルギーをさいてきた。水をめぐって血が流されたこともあった。したがって、水とのつき合いは日常的なものであったし、緊張感を伴うものであった。それは、流域の人々の共同体意識をつくり出し、その意識が、川とのつき合いを支えてもいた。人々が川と親しむのは当然であり、魚獲り、川の祭りなど、川とのつき合いは、一つの文化を形成していたのである。

川と人の暮しとの関係は、社会の近代化の進展とともに疎くなってきた。そして、自然の脅威と向き合うかわりに、行政に川を委託したのである。税金でまかなわれる治水事業によって、川の管理に費やす労役は軽減された。あまった時間やエネルギーは、賃労働や余暇へと向けられた。この事情は、家電製品による家事の省力化や社会化、そしてまた、行政による社会保障や社会福祉の進展と似ている。

日本で国が、本格的に河川管理にタッチし始めたのは明治になってからだ。明治の初め、お雇い外国人（主としてオランダ人技術者）が、船の運行のための低水工事を指導していた。つまり、利水目的の川の工事である。しかし、その後、運輸、交通の手段は鉄道にとってかわられたため、船運のための低水工事は衰退した。かわって、洪水を防ぐ工事が大々的に行われるようになった。治水である。特に、明治二九年（一八九六年）の河川法成立以来、築堤による防水工事がすすめられた。そして、明治四三年（一九一〇年）の大水害以降、巨額の予算が組まれ、内務省（その後、建設省、さらに国土交通省）が中心になって、大規模な河川改修がなされた。現在もその延長線上にある。その結果、川の管理はお上にまかせるという風潮がどんどん強くなり、川と人との関わりは弱くなっていったのである。さらに、一九六四年制定の新河川法では利水の側面も強調されたものに変わり、河川の国家管理はより完全なものになった。

私達の生活は、ずい分便利になっている。別の表現をすれば、それは都市化の進行を意味している。生活の一部を公共に託した結果、十分な時間を得ているのだ。その一方で、自然との関係は希薄になっている。河口から源流まで長良川を遡行しても、河原で遊ぶ子供達はほとんどみられない。今日、気まぐれな釣り人や河原で床置き用の流木等を拾い集める人以外は、川へ近づかない。せいぜい休日に、河川敷のテニスコートや野球場で汗を流す程度だ。

このように考えてくると、川と人とのつき合いは、川への表面的なかかわり方だけではなく、人間の暮らし方、生き方そのものに関係していることがわかる。したがって、河川と人との関わり方を再び親密なものとするには、人間の生き方の根本のところが、少しでも変わらねばならない。川とのつき合いも、人間の生き方の問題なのだ。川も含めて、環境の問題は、人間の問題へと帰着する。

私は、多くの老人をたずね歩き、釣りに同行させてもらい、釣りや自然について話しを聞いてきた。現在では、ほとんど非生産的ともおもえる彼らの生き方の中に、自然と人間との関係を回復する手がかりを見い出したかったからだ。その旅はまだ続いている。この旅からわかったのは、彼らは世の中から逃避して、川へ行っているのではないということだ。彼らは、それぞれのやり方で、自然と正面から向き合っている。その営みとは、私達が、仕事や遊びや人とのつき合いの中で時間やエネルギーを費やしている間に、しだいに片すみに追いやってきたものだ。

現在の社会は、物やエネルギーを大量消費し、自然を征服することを目的とした近代化思想に支えられている。そこで得られた利便さや自由時間は、しかし、人間の幸せのために十分に役立っているのだろうか。近代化の波の中で、人と自然との関係だけでなく、人と人との関係も希薄になってしまった。人と人との関係は、表面的なコミュニケーションによるのみで、全人的な理解はもはや困難な時代にあるといえる。そんな中で、老人達は例外なく人が良く、口べたで、人間好きである。そして彼らは言い訳をしない。私達の日常は、言い訳や理由づけにあふれている。頭が痛くて釣りに行けない、に始まって、こんな世の中だから〇〇でも仕方がない……まで、言い訳（ビコーズ）に満ちている。私がたずねた老人達は、ビコーズのない世界の中に身を置こうとしていた。それは、自己への厳しさと同時に、人生経験に裏づけされた自信、さらに人と自然へのやさしさを表しているだろう。私達が、彼らのような感覚や考え方を少しでも自分のものにできるのは、いつも、「進歩とは何か」、「幸せとは何か」という問いが発せられる謙虚さを持ちつづける時ではないだろうか。

# II

# 情報・環境・ライフスタイル

## ——人間は情報の産物である

# 第6章　情報から人間を考える——人間にとっての情報

## 1. 情報とは

情報とはいったいなんだろうか。情報については、多くの説明や解釈がある。[1] その中で、最も示唆に富むのは、吉田民人氏による情報の定義である。[2]「情報とは、モノとエネルギーの空間的・時間的、あるいは、量的・質的パターンである」とする氏の情報論は、ジャーナリスティックな関心や一時のブームを超え、情報の本質をあらわしている。

人間の生活は、モノやエネルギーが、時間的、空間的に拡散・劣化していくことによって成り立っている（第1章）。そしてまた、その拡散過程が、資源・環境問題を起こしてもいる。したがって、これらの問題を解決し、持続可能な社会を展望するためには、モノとエネルギーの時間的・空間的パターン、すなわち、情報が、最も重要な鍵をにぎるだろう。

情報には、質（価値）と量の二側面がある。近代の情報科学は、質を脇に置き、量を問題にするところから出発し、発展してきた。近代情報理論をうち立てたC.E.シャノンは、情報を数える基本単位を考案し、「二つのうちから一つを選び取ること＝ビット」と定めたのである。

ビットは、「二者択一」に相当する。したがって、「イエスかノー」、「男か女」、「一か〇」、「スイッチのON、OFF」、「光の反射の有、無」、「磁化の方向の順と逆」などであらわすことができる。このようにして、コンピュータをはじめ、現代社会における情報処理は、非常に大きく発達した。

情報量は次の式で表される。

$I = \log_2 (1/P)$　P：ある事象の起こりうる確率

うまれてくる赤ん坊が、女か男か、あるいは、コインを投げた時、表がでるか裏がでるかのような場合、起こりうる確率Pは1―2である。したがって、赤ん坊の性別やコインの裏表に関しての情報量は、

$I = \log_2 (1/1/2) = \log_2 2 = 1$

一ビットである。この式からわかるように、確率Pの小さな、まれにしか起こらないことがらに対して、得られる情報量は大きい。

ところで、あることがらが起こったときの情報量ではなく、あることがらがもっている情報量、あるいは、あることがらについて期待される情報量は、それが起こる場合の情報量と起こらない場合の情報量の平均値である。同様に、いくつかのことがらが、ある確率で起こりうる場合、事象$A_1, A_2, \ldots\ldots, A_n$の出現する確率を、$P_1, P_2, \ldots\ldots, P_n$とすれば、事象全体のもつ平均情報量Eは、次のように表される。

$$E=P_1\log_2(1/P_1)+P_2\log_2(1/P_2)+\cdots\cdot P_n\log_2(1/P_n)$$

うまれてくる子供が、男か女かという場合は、$n=2, P_1=1/2, P_2=1/2$なので、期待される平均情報量Eは一ビットとなり、男女の性別が確定した場合に得られる情報量（$I=1$）と一致する。しかし、厳密には、男と女がうまれる確率は同じではない。日本人平均では、$P_{男}=0.513$、$P_{女}=0.487$（一九九七年）なので、$E=0.513\log_2 1/0.513+0.487\log_2 1/0.487=0.995$と、平均情報量は、一ビットよりわずかに小さくなる。いずれにしても、確率Pが小さければ、情報量は大きい。

このように、事象の起こる確率Pは、ことがらによっていろいろな値になるので、情報量は必ずしも、整数ビットとは限らないが、ここでは以後、簡単のために、ことがらが起こる確率は、すべて$\frac{1}{2}$であるとしよう。

情報は、ものごとのあいまいさや不確かさ、すなわち世界の不確実性の程度に関係している。では、情報量と世界の不確実性は、どのような関係にあるのだろうか。

ある都市で起きた殺人事件の犯人逮捕を例にとってみよう。犯人を逮捕するためには、犯人像を明らかにし、さらに潜伏場所を突き止めなければならない。残された髪の毛から、犯人は女性だとわかった。女性という特定ができたことにより、犯人をめぐる世界の不確実性は、二分の一に減少したことになる。また、市を東部と西部に二分割して、聞き込みを続けたところ、犯人は、市の東部に潜んでいることがわかった。さらに、東部を、南北二つに分けて捜査をすすめた結果、犯人の隠れ場所は、北側にあることがわかった。

この場合、市の東部の特定に一ビット、北部の特定に一ビット、合計二ビットの情報を得たことになる。犯人の性別についての一ビットをあわせて、全部で三ビットの情報を得たわけだ。犯人を特定できる確率Pが$\frac{1}{8}$であると考えてもよい。これによって、犯人についての不確実性は、$1/2^3 = 1/8$に減少した。三ビットの情報によって、八つの可能性のうちから一つを選び出すことができるのである。もちろん、より多くの情報を積み重ねる方が、犯人を逮捕する可能性は高まる。

このように、情報は、世界の不確実性を減少させるのである。

## 2. 情報と意思決定

情報は、人間にとって、いくつかの意味をもっている。そのうちでも、①情報による意思決定、②情報による人間の発達、③情報によるコミュニケーション、が特に重要であり、これらを情報の三機能と名づけよう。

まず、なぜ、情報は人間の意思決定に役立つかを考えてみる。

「情報」という文字を、広辞苑でひいてみると、或ることがらについてのしらせ、判断を下したり行動を起こしたりするために必要な知識、とある。この二つは、多くの場合、連関している。なぜなら、私たちは、或ることがらについて知って、はじめて、何かを判断したり、行動したりすることができるからだ。

朝の起床を例にとろう。朝七時に、セットした目覚まし時計がなる。すると、目をこすりながら、布団から出る。七時という時間の情報を取得し、その情報をもとに、起きた方がよいと判断し、起きようと決め、そして起きあがるのだ。これは、情報の取得から、判断・意思決定、そして行動へと至る一連のプロセスをあらわしている。

考えてみれば、朝起きてから夜寝るまで、私たちの一日は、情報取得、意思決定、そして行動へと至るプロセスが無数に積み重なってできあがっている。そしてさらに、このような毎日が積み重なって、私たちの日常生活が成り立っている。この場合、何かをしないという意思決定も含まれる。かつて私は、朝起きてから、カウンターを片手に、自分の意思決定を数えてみた。カウンターの数値は、午前中に、一万を越えた。自動車を運転する場合は、極端に数値が増えた。あまりにも頻繁にカウンターのボタンを押さねばならないのと、意思決定している自分を外側から眺めるのが非常に困難なため、この実験は、半日で終了した。

このように私たちは、情報を取得し、それをもとに何をなすべきかを判断し、決定し、行動している。この行動が、理性的行動である。それに対して、突発的行動や本能的行動は、情報の取得による意思決定を、ほとんど経ていない。したがって、情報プロセスによる理性的行動をどれだけ多くとれるかが、人間の在りようを決めることになる。

では、なぜ情報を取得すれば、意思決定ができるのだろうか。モノやエネルギーの時間的、空間的パターンである情報は、すでに述べたように、人間にとって、世界の不確実性の尺度となる。朝、目覚まし時計のベルで七時という情報を得たとき、世界は、それ以前の世界よりもはっきりとしたものになっている。情報によって、以前よりも、世界を明確に認識できたからこそ、「起きる」という意思決定をすることができたのだ。

このように、人間は、情報を得ることによって、世界の不確実性を減少させ、世界をよりはっきりと認識することができ、とるべき行動を決定することができる。

では、意思決定に際し、人間は、情報をどのように活用しているのだろうか。情報が、思考、判断のよりどころとなっている脳内メカニズムは明らかではないが、二つの典型的な活用法を想定してみる。第一は、一ビットの情報により、二つに一つを見分けることを行うという場合である。もし、人間が、一ビットの情報を得て、二つに一つの可能性を定めているとすれば、一〇ビットの情報を得た時、世界の不確実性は、$(1/2)^{10}=1/1024$に減少したことになる。その結果、一〇二四個の中から、一つを特定することが可能となる。

もう一つの情報活用の例は、人間が、異なったものを異なったものとして認識するのに情報をもちいるというものである。たとえば、自分の部屋に誰かが勝手に入って、机の上の鉛筆削りを動かしたとする。すると、部屋へ入ったときに、何かおかしいと感じる。これは、私たちが、部屋の中の数多くのものの中の一つの配置が異なったとき、部屋全体を異なったものとして、知覚しているからである。このような方法で、世の中を認知しているとすれば、一〇ビットの情報は、$1/10!=1/3628800$に、世界の不確実性を減少させることになる。

これら二つのいずれの方法においても、わずかの情報が、世界の不確実性を大きく減少させることがわかる。

ラジオが国民のほとんど唯一の娯楽であった戦後すぐ、ＮＨＫに『20の扉』という人気番組があった。司会者が問題を出し、解答者たちがそれを当てるという番組で、解答者は、「それは〇〇ですか？」のように、イエス、ノー形式の質問をする。それに対して、司会者がイエス、ノーを答え、解答者は、一ビットの情報を得る。このようにして、質問をくり返し、二〇回までに当たれば、解答者の勝ち、当たらなければ、負けとなる。このゲームを今やってみると、たいてい、二〇回質問をしないうちに、正しい答えが見いだせる。二〇ビットの情報は、上の二つの方法のいずれでも、非常に大きく世界を減少させるからだ。

　しかし、それでもなお、二〇ビットの情報で、どうして十分な判断ができてしまうのか、疑問が残る。なぜなら、世界は、途方もなく不確実であり、私たちは意思決定を行う場合、ほとんど無限に近いような多くの可能性の中から一つを選び取らねばならないからである。

　二〇ビット以下の情報で、世界が確定でき、クイズの正解を言い当てることができるのは、これまで知識や経験として得た情報が、私たちの脳の中にびっしりと蓄積されているからだ。新たに得た情報は一〇ビットであっても、それ以前に蓄えた多くの情報と一緒につきあわせて、世界の不確実性を減少させているのである。つまり、一〇ビットの情報を活用する場合、世界の不確実性は、$(1/2)^{10}$ではなく、$(1/2)^{100}$にも、$(1/2)^{1000}$にも減少しているのだ。したがって、無限に近いほど多くの可能性の中から、一つを選び取ることができるのである。

　このように、情報は蓄積された時に意味をもつ。近代の情報科学が、情報の質ではなく、情報の量を問題にして成功した理由のひとつはここにある。大量の情報を処理すればするほど、私たちの世界の不確実性は減少し、的確な意思決定をすることができるのである。データベースを例示するまでもなく、近代社会では、「量が質をうみだす」という図式が成立する。

情報が誤りであった場合はどうであろうか。その場合、誤った情報が、多くの誤った可能性をつくり出し、世界は不確実なものとなってしまう。当然、それによってなされる意思決定は、不確かなものであり、人間の役に立たないばかりではなく、時には、危険を伴ったり、人間を窮地に陥れてしまうだろう。

## 3. 五感と情報

われわれの生きている世界には、モノとエネルギーに関して、ほぼ無限のパターン、すなわち、ほぼ無限の情報が存在する。しかし、無限の情報がそこに存在するだけでは、人間にとってほとんど意味をもたない（ただし、DNAなどの遺伝情報は、プログラム化された情報であり、それ自身の存在に意味がある）。世界は、モノとエネルギーのパターンである情報の形態に置き換えられ、人間によって認知され、脳の内部に取り入れられることによって、意味をもつ。人間によって認知されてはじめて、世界は存在するのである。

人間が、情報を得るのは、五感による。視覚、聴覚、体性感覚（皮膚感覚（触覚）と筋肉などが受ける深部感覚）、嗅覚、味覚。人間は、五感によって外の世界をとらえる。

視覚は、光による外界情報の取得である。人間が知覚できる光は、三八〇（紫）～七七〇nm（赤）の波長の光（可視光）であり、目に入った光エネルギーは網膜上の光受容細胞中の光受容タンパク質（ロドプシンなど）によって電気エネルギーに変換され、大脳にある視覚をつかさどる皮質に送られ、視覚情報処理が行われる。視覚については、後に詳しく述べる。

聴覚についてはどうだろうか。人間の耳は、二〇ヘルツから二万ヘルツの空気振動を情報として取り入れる。五万ヘルツまで聞こえる猫と較べてもわかるように、人間の聴覚は、他の動物より優れているとはいえない。それは、人間の生存にとって、聴覚情報が他の動物ほど重要でないことから来ている。また、聴覚情報は、情報の量、正確さ、詳細さなどにおいて、視覚情報よりも劣っている。しかし、視覚刺激は、ものがそこにあれば発生するのに対して、聴覚刺激は、ものが存在するだけでは生じず、ものに変化（運動）があって始めて成立する。さらに、視覚情報が空間的なのに対して、聴覚情報は時間的である。このようなことにより、音は、悲しみや喜び、感動、心地よさ、不安や恐れなど、人間の感情と深くむすびついている。つまり、聴覚情報によってもたらされる世界は、情動という、人間の高次の感覚と強く結びついているといえる。[3]

皮膚刺激や筋肉圧などの体性感覚によって得られる情報量は、視覚や聴覚に較べて、はるかに少ない。しかし、情報量の少なさは、体性感覚情報の重要性を低くするものではない。もしこの情報がなければ、痛いという感覚さえも生じず、人間はおそらく、生きのびることができないだろう。体性感覚は、生存のためには、視覚や聴覚より重要でさえあるのだ。また、手、特に指先の感覚は驚くほど鋭敏である。私たちは、布のなめらかさの微妙な違いを、指先で見分けられる。少し慣れれば、材質を言い当てることができる。このように鋭敏な皮膚感覚は、裸の霊長類である人間を進化させ、発達させてきたに違いない（第3章、第7章）。また、人肌のぬくもりや感触から、われわれは、懐かしさや安堵感を覚える。様々な感覚の中でも、触覚は、人間の体の表面に張られたアンテナであり、世界を認識する際の総合性、身体性ともかかわりがある。[4] 外の世界の情報を至近距離から受け取ることのできる体性感覚は、単なる情報摂取を超えたなにかを、人間にもたらしてくれるのである。

嗅覚、味覚による情報取得は、視覚や聴覚ほどには明らかになっていない。鼻や舌には、化学物質を受容するタンパク質集合体があって、ある形をもった化学物質が、一定量以上、受容体にはまり込んだとき、臭い、味といった感覚が、脳に生じる。光や空気の振動と異なり、化学物質によって生じるこれらの感覚は、世界を、モノとして、直接感知する感覚である。毒物や危険を、臭いや味で感知することは、体性感覚による外界の直接把握と同様に、人間の生存に深く関わる情報取得の方法である。

坂井は、五感による情報の取得量を算出している。[5)] それによれば、視覚による情報処理能力は、$(40 \sim 90) \times 10^6$ビット／秒、聴覚によるものは、$(56 \sim 200) \times 10^3$ビット／秒、触覚による情報は、600ビット／秒である。これらの数値は、私たちの実感とほぼ一致している。すなわち、人間が情報を得る場合には、視覚が最も多く、次いで聴覚であり、体性感覚となるとずいぶん少ない。

ただし、これらの数値は、見える、聞こえる、肌に感じる、という場合の感覚をもとにしている。見える、聞こえるに対して、見る、聞くという場合、取り入れることのできる情報量は減少する。私たちは、テレビの画面を漠然と見ていても、内容を理解できていないことがよくある。見るつもりで見ないと何の番組かわからないのだ。また、不意に話しかけられた時には、聞き取れないことも多い。聞こうとして聞かないと、話の内容が理解できない。見ると見える、聞くと聞こえるは、同じではないのだ。このように、人間は意識しないと、情報を、確かな情報として取り入れることができない。見る（読む）ことによって得られる情報量は、一二〇ビット／秒で、聞くことによる情報量は、一〇〇ビット／秒である。

### 4．脳の情報処理

では、外界情報を人間の感覚器官が受容し、加工し、伝達し、再構成する情報処理の過程はどのようなものだろうか。

大脳は、約一四〇億個の脳神経細胞（ニューロン）からできている。その数は、大人も子供もほとんど変わらない。ニューロンは、一般の体細胞と異なり、分岐した樹状突起を多数もっている。長くのびた樹状突起の先端は、他のニューロンと接合部（シナプス）を形成する。ニューロン間は完全に結合しているのではなく、シナプスには、わずかの間隙がある。ニューロン中を伝わった電気シグナルは、シナプスにおいて、化学物質の放出を促し、放出された神経伝達物質は、シナプスの間隙を伝わって、他のニューロンへ伝わり、電気信号を発生させる。一個のニューロンには、数十個から数十万個のシナプスがある。平均して、一個のニューロンあたり、三千個ほどのシナプスをもつと言われている。[6)]

情報は短い電気インパルスのかたちで、シナプスから発信され、化学物質を経由して、他のニューロンに受容される。電気信号が入るとシナプスで化学物質（神経伝達物質）が放出され、別のニューロンに電気信号を発生させる。神経伝達物質には、相反する作用をもつ二種類のものが存在し、その作用の組み合わせにより、非常に複雑な論理回路が可能となる。また、一つのニューロンが、何十万というニューロンから入力を受け、さらに同じニューロンが、別の何十万というニューロンへ出力するので、ニューロンの回路網は、非常に高度な情報処理をすることができる。[7]

人間の発達とは脳の発達であり、ミクロには、情報による神経細胞（ニューロン）の発達とニューロン回路網の形成に対応している。外界から情報が入るとニューロンが成長し、シナプス（ニューロン間の接合点）が形成される。このようにして、ニューロンは、複雑な三次元網目構造をかたちづくり、人間の脳を構成していく。また、グリア細胞が出現して、大まかに回路網を形成したニューロンの軸索に髄鞘をかぶせて、ニューロン内を電気インパルスが効率的に伝達されるようにする。同時に、ニューロンの機能的な発達（シナプス重みの変化）も起こる。

脳の機能のうち、外部情報の処理も、このニューロン回路によってなされる。その機構を、五感のうちで、最も研究がすすんでいる視覚[8)9)]を中心に追ってみよう。

我々は、眼に入った光によって網膜に映し出された像を、そのまま見ているのではない。視覚情報である光は、網膜上に投影され、まず、この投影像の輝度とスペクトルが処理される。また、動き、陰影、テクスチャー、明るさ、色などが、様々な視覚モジュールとして、並列に処理される。

モジュールとは、脳の情報処理の機能局在のことをさす。機能モジュールは、脳内部のミクロな構造モジュールに対応している。脳細胞はランダムに存在するのではなく、いくつかのニューロンが集まって、柱状集合体（カラム）をつくっている。このカラムが、脳の機能の局在化を生み出している。たとえば、脳のある部位にあるニューロン集合体は、視覚情報のある要素（色など）に優先的に反応する。それぞれのモジュールは、別々の経路で、独立に情報処理を行う。その後、これらのモジュールは、統合され、視覚がうまれる。

聴覚[8,9]についても同様の機構が考えられている。音波は、強さ（強度）、高さ（周波数）、波形（振幅波形）の基本要素からなっている。音声情報（音波）は、鼓膜で機械的振動に変換された後、蝸牛にある基底膜に振動が伝わり、基底膜の上部をおおう有毛細胞の毛が屈曲する。この屈曲の度合いに応じて、電位が発生する。聴覚情報の場合も、音波の要素は、強さ、高さなどのモジュールとして、それぞれが並列に処理され、そして統合される。

このように、視覚や聴覚など、感覚情報の脳内処理では、感覚情報が、いくつかの要素に分解されてとりこまれ、別々のモジュールとして処理される。そして、後に、再構成、統合されて、ある感覚が脳に生じるのである。

異種の感覚情報は、必要に応じてさらに統合される[9]。たとえば、脳内の上丘には、異種情報の統合に関するニューロンがあり、視空間と聴覚空間に関する情報が統合される。同様に、出来事や場所の属性の統合（記憶）は海馬のニューロンが、価値判断は、扁桃体のニューロンがつかさどっていると考えられている。海馬と視覚野間は双方向に結びつき、視覚情報は、海馬を通じて聴覚野間とも結びついて、全体としての記憶をもたらしているらしい。

## 5. 情報のコントロール

情報の脳内処理機構から明らかなように、人間は、外界の情報をそのままの形で蓄積するのではない。情報を、各種センサーでとらえた後、脳の中で処理をしている。情報は、幾種類かのふるいにかけられて取り出され、加工され、そしてある一つの形に統合されるのである。すなわち、世界は、解釈され、再構成されているのである。これは、人間の生存にとって、都合の良い情報コントロール機構といえるだろう。

蛙は動く虫は見えても、止まっている虫は見えない。蛙は、視覚情報を、フィルターをかけて取り入れているからだ。それは、無限にある環境情報の中から、自己の生存にとって必要な視覚情報を、効率的に取り入れるための仕組みといえる。人間も他の動物のように、やはり、動くものに対して、敏感に反応する。しかも上述の情報フィルターの機構は、遺伝情報によって、あらかじめプログラム化されている。吉田民人が指摘するように、情報のもうひとつの意味は遺伝プログラムの中にある[1]。それは、ＤＮＡ上に存在する情報が、後に、新しい世界を作り上げるためのシナリオとして用意されているという意味である。さらに、このプログラムは、外部情報の摂取によって、後天的に、展開の筋道が調整され、展開の速度も変わってくる。したがって、感覚情報の脳内処理機構のあり様は、人の生育過程によって異なってくる。

人間の場合、視覚モジュールによる並列処理や統合化の機構が形成されるのは、生後数週間から数年にわたる幼児期であり、しかもこれらの機構形成を促すのもまた、外界からの視覚情報である。幼児期に、動くものや明暗など、なるべく多くの視覚情報が人間の発達にとって必要な理由がここにある。[8)10)]

情報環境によって、脳の発達が変化する例を、アフリカのマサイ族にみることができる。サバンナにすむ彼らは、遠くの物を見る能力がすぐれ、視力が五の人さえいるという。一方、森林にすむピグミー族は、遠くの物を見る機会が少なく、また、その必要もないので、遠近感が乏しい。幼少時の環境のせいで、遠近感に関わる脳領域の発達が滞るのだ。[11)]

一方、ニューロンやシナプスは、使わない（刺激や情報が入らない）と退化したり、死滅したりする。たとえば、ネコや猿を使った実験によると、生後まもない頃に片目を閉じてしまうと、二カ月ほどで、立体的にものを見ることができなくなってしまう。閉じた方の目からの入力を伝えるニューロンが消失してしまうからだ。また、縦縞ばかりの環境で子猫を生育すると、横縞に応答するニューロンが少なくなり、縦縞ばかりに反応するようになる。[12)]

聴覚情報として音を考えた場合、現実には、複数の音源から同時に音声信号が発せられることがほとんどである。このため、脳内では、複数の音源の再構成が行われる。これによって、何人かの人が同時にしゃべっても、私たちはそれぞれの人がどのような声で何を話しているか、ある程度理解することができる。また、人間は、一五〇～五〇〇〇ヘルツの人の声、そのうちでも特に、子供や女性の泣き声に相当する周波数に敏感である。人間の聴覚は、種の存続の目的に、すなわち、聴覚を手がかりにした世界のかかわり方に適応している。[3)]

これらは、脳の情報処理機構により、外界情報が、フィルターやふるいにかけられ、再解釈された結果である。このようにして、人間は情報をコントロールしている。

もう一つの情報コントロールは、見えると見る、聞こえると聞くの違いのような、意識による情報取得のコントロールである。人間は意識して情報をとることが多い。耳と違って、目には四方八方から情報が入ってくるわけではない。対象に目を向けなければならない。また、カメラなどと異なり、目の網膜の中心部にある黄斑部に視神経が集中している。感覚受容部におけるこのような偏りが、見るという、視覚情報の能動的摂取を強く促すのである。さらに、カメラと同様、焦点を合わせなければ、見ていても見えない。これらは、すべて、視覚の意識化である。

意識して感覚情報をとらえるための人間の所作は、認知心理学的には、注意とよばれる。[9] 注意とは、不用な情報を捨て去り、有用な情報を獲得する情報選択機能をさしている。目標に対して、スポットライトをあてたり、ズームレンズで対象を拡大したりする心の働きともいえる。赤色に注意をはらっておけば、様々な色の物体のなかから、赤色のものをすばやく見つけることができる。同様に、注意は、聴覚や触覚などの感覚に対しても存在する。耳をすませば、都会の喧噪の中でも、かすかな虫の音が聞き分けられる。また、意識して、対象を手で触ると、手や指の運動知覚ではなく、対象の形状や材質が感じられる。このように、注意は情報の選択機能である。

世の中に存在する無限の情報から、人間は、意識して、自分にとって必要な情報をとろうとする。つまり、遺伝的に用意され、人の成育過程で完成された情報コントロール機構だけでなく、意識のフィルターやふるいをかけて、自己に必要な情報を摂取し、世界を認識し、さらには、自己をつくりあげているのである。どのようなフィルターをかけるかによって、認識される世界は異なってくる。また、フィルターは、多すぎる情報から自己に必要な情報を選択的に摂取するための装置でもある。なお、無意識の、フィルター無しの情報も、人間の脳に入ってくる。実は、この情報も、完全に捨てられるのではなく、脳のなかで意味レベルの高次処理がなされている。通常、ノイズと考えられているこれらの情報も、サブリミナルな情報のように、人間にとってかなりの役割を果たしているのだろう。

## 6. イメージと内的世界

人間の脳は、意識的、無意識的に、脳内に取り入れられた情報により発達する。

そして、脳内の情報処理は、基本的には、脳の機能素子であるニューロンの回路網によって担われている。では、外の世界を情報に変換し、その情報を取り入れることによってもたらされるニューロンのネットワーク、すなわち、脳の状態をどのように表現すれば良いであろうか。ここではそれを、外の世界（現実）に対して、「内的世界」とよぶことにする。内的世界は、知覚、認知、記憶、意志、理解、思考、判断、決定、価値判断・感情から、行動・表現（表情やことば）、そして、創造といった、人間の活動総体のポテンシャルを備えた脳の状態をあらわす。内的世界は、個体のもつDNAの遺伝情報のプログラムが、外界からの刺激や情報にしたがって、方向や実行速度が調節され、脳を、ある構造と機能を有する状態に至らしめた結果である。

この内的世界が、脳内で、ある形態に表象化されたものがイメージとよばれるものにほかならない。イメージについては、多くの研究があるので、内的世界の特徴と意味を、イメージを手がかりにして、さぐってみよう。

イメージとは何だろうか。私たちは、梅干しに対して、赤紫色のまるい形や酸っぱさが浮かんでくる。頭の中にイメージした牛は、のんびりと草をついばみ、モーと鳴いている。このように、イメージは知覚とむすびついている。

知覚、すなわち、情報の脳内処理の研究と同様に、イメージの研究も、視覚に関するものが最もすすんでいる[13]。一九七〇年代、イメージをめぐって、命題派とイメージ派との間で論争がなされた。それは、イメージが、視覚と同じように、頭の中に描かれるものなのか（イメージ派）、それとも、対象に対する意味や解釈の結果としてある（命題派）のか、というものであった。最近の認知心理学の成果は、視覚イメージが仮想されたものではなく、脳内で実際に映し出されるものであることを教えてくれる。コスリンらは、脳内に視覚バッファーが存在し、そこへ、視覚イメージが実際に映し出されることを示した。われわれが、車の像を思い浮かべる場合を考えてみよう。私たちは、これまでの経験（情報の摂取）により、車というモノについて様々な知識を蓄えている。乗用車はガソリンで走る。乗用車には、四つの車輪、四つのドア、二つのヘッドライトがある。人より大きく、家よりは小さい。車は噛みつかないが、人をひくこともある、などなど。このように車に関する多くの情報が、解釈され、意味づけられて、イメージされるべき対象についての知識が命題リストとして、長期的な意味記憶の中にしまわれている。命題リストの中には、対象についての特徴（大きさ、形状、部品、抽象的な記述など）が入っている。これらのデータファイルを用いて、脳の視覚バッファ内に、乗用車についての輪郭線が描かれる。そして様々な部品のイメージデータ・ファイルが呼び出されて、乗用車の構成要素が描き足される。このようにして、乗用車のイメージが、視覚バッファにできあがる。視覚イメージは、眼からではなく、情報によってもたらされた記憶から、解釈された情報が、視覚バッファに送られ、むすばれた像なのである。このように、視覚イメージとは、解釈され、再構成され、内的世界に蓄積された情報が、脳内スクリーンに映し出された像なのである。

人間は、視覚以外の感覚からも、多くの情報を摂取する。これらもやはり、脳内において、ニューロンの働きにより処理され、記憶され、ある状態と機能を備えた状態の脳（内的世界）を作り上げる。したがって、内的世界は、視覚イメージ以外にも、聴覚イメージ、触覚イメージ、嗅覚イメージ、味覚イメージなどとなって表現されるだろう。

イメージ処理には、大脳右半球だけではなく、頭頂葉、前頭葉、側頭葉など様々な部位が関係して、知識の活用や制御を行い、イメージを構成したり、操作したりしている。

藤岡喜愛は「イメージはどんどんつくられては蓄積されて、分解したり合成したりする。」と述べている。[14] イメージが、つくられ、蓄積され、分解され、合成されるように、イメージをうみだす内的世界も、不断に変化を受け続ける。なぜなら、生きている限り、人間は環境から情報を摂取し続け、その情報が、人間の内的世界を、絶え間なく、変化させるからだ。だからこそ、人はそれぞれが異なった人間である。また、同じ人でも、一瞬前の自分とは異なっている。このように、内的世界は、人間のありかた、方向を決定づける。

## 7. 内的世界の形成と人間の発達

人間が自己の世界を築く場合、外的世界からの情報の取り方、すなわち、意識的、無意識的な情報のコントロールが最も重要になる。先に述べた様々なふるいは、人間が自前で用意したフィルターである。それに対してメディアは、情報に対する他動的なフィルターといえよう。

人間が、外の世界（現実）を、様々な情報としてみずからの内に取り入れる場合、外的世界は大きく二つに分類できる。一つは、そこに実際に存在する現実、すなわち、アクチュアルな現実である。もうひとつは、アクチュアルな現実が、人為的に修正されたり、加工されたりした現実、あるいは、人間が人工的につくりだした現実である。これらが、バーチャルな現実である。人間は、アクチュアルな現実とバーチャルな現実、いずれからも情報を得て、自己の内的世界を築いている。ここで、アクチュアルな現実からの情報によって形成される内的世界を、リアルな世界とよぼう。それに対して、バーチャルな現実からの情報によって形成される内的世界を、イマジナリーな世界とよぶことにする。大切なのは、リアルな内的世界とイマジナリーな内的世界のバランスである。人が心に傷を負うのは、ほとんど、アクチュアルな現実によってである。学校や会社でのいじめ、恋人の心変わり、事故や災害、肉親の死、などなど。人が心に傷をおった場合、バーチャルな現実が、内的世界を再構成し、回復させるのに役立つことはよく知られている[15)]。

内的世界が、人間にとって有利な方向に、大きく変化するのが、人間の発達である。時間を長くとれば、人間は、必ず発達する。短い時間には、小さな変化や再構成が、長い時間をとれば、大きな変化が起こる。だから、この内的世界の変化は、人間の過去、現在、未来を、最も端的に

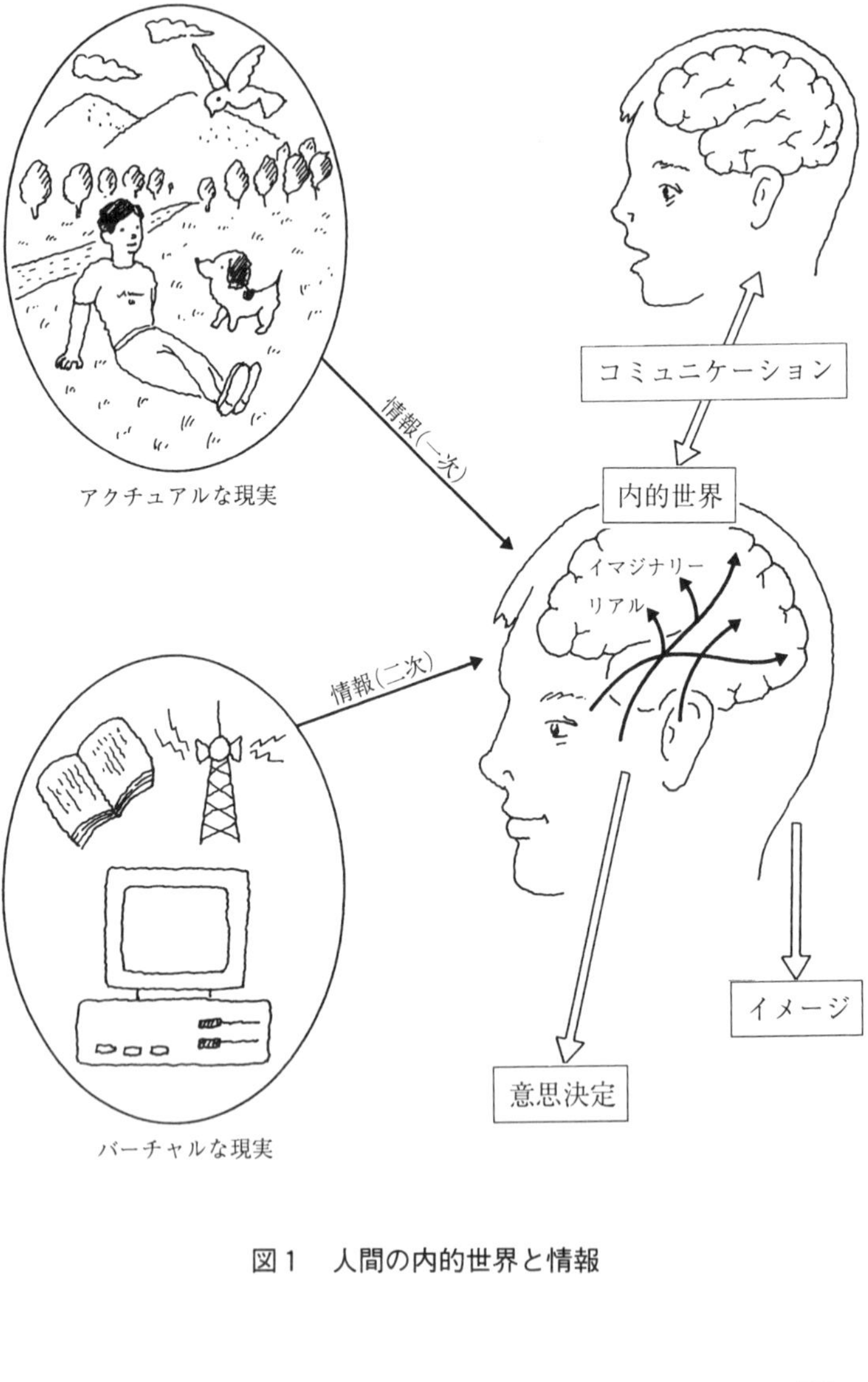


図1　人間の内的世界と情報

あらわしている。ただし、変化は、老化や病気、事故により、マイナスの方向へ向かうこともある。人間の発達と情報との関係は、第7章で詳しく述べる。

内的世界の発達に大きく寄与するのが教育である。教育とは、外の世界の情報摂取による人間の発達（内的世界の変化）を、高い段階まで、素早く至ることができるよう援助する手段である。人間の発達は脳の発達であり、脳の発達は、能力の向上をもたらす。能力には、様々なものがある。聞く、見る、読む、走る、話す、歌う……。能力は目に見える形に表しやすい。しかし、表現されたものが、必ずしも、人の内的世界をそのまま映しているわけではない。たとえば、環境にやさしい内的世界を備えていない人間であっても、環境にやさしい行動をとることができる。そうではなくて、内的世界の変化にこそ、意味があるということを、教育の基本とすべきではないだろうか。

鳥山敏子の豚一匹を解体する授業は、教育界に大きな衝撃を与えた[16]。眼前に展開される生々しい現実からの情報が、激しく子供たちの内的世界を揺り動かし、新しい世界につくりかえようとしたのだ。これほど強烈ではないが、実習や体験など、アクチュアルな現実からの情報は、人間に対して大きな影響力をもつ。しかし、それに形式的に依存していると、おかしな方向にことがはこぶ。日本の教育界には、アクチュアルな現実に対する信仰があり、この信仰は、しばしば悪しき現場主義をもたらす。形式的、表面的にアクチュアルな現実を扱うのではなくて、アクチュアルな現実からの情報によって人間の脳につくられる、内的世界の大きさ、豊かさをこそ問題にしなければならない。

## 8. 内的世界とコミュニケーション

久保正敏は、情報によるイメージの形成について考察している。そして、コミュニケーションは、情報によるイメージの交換であると述べている。[17] ある人のもつイメージは、情報の形で発信されて、他の人に受容される。そして、その人のイメージが他の人へ伝わるのがコミュニケーションの基本であると述べている。しかし、私たちが互いに交換しあうのは、イメージではなく、内的世界ではないだろうか。なぜなら、私たちは、相手の言葉、表情や雰囲気から、相手の言っていることにとどまらず、背景にあるものや、人となりをうかがい知ろうとする。この人は何を感じ、何を考え、そして、何をしそうかまで推しはかろうとする。言っていることとやっていることが、信用できるかどうか。本心からか、それとも、口先だけか。いわば、情報によって、人間の本物と偽物を見分けようとしているのだ。そして、偽者の部分については、その度合いを計ろうとする。つまり、情報によってイメージされる相手の内的世界と本物の内的世界の異同を見極めようとしているのだ。このように、互いの内的世界を見極め合うプロセスをこそ、コミュニケーションというべきだろう。

その際、見極めは、どのようにすれば可能なのだろうか。情報媒体を、メディアとよぶならば、ことばも含めて、コミュニケーションはすべて、メディアによっている。したがって、メディアを通した情報に対する嗅覚とインスピレーションが、まず、本物を見分けるためには必要だ。さらに、メディアを通じてもたらされた現実が、本物の世界とどの程度一致しているのか、異なっているのか、すなわち、現実と偽の現実との乖離の度合いを見分ける能力[18]も重要である。

新聞、TVなどは、必ずしも真実（アクチュアルな現実）を伝えているわけではない。現実が解釈され、修正され、送り出されるのだ。湾岸戦争時のメディアにみられたように、それは、時には意図的に行われる。[19] メディアとは、アクチュアルな現実を情報化する手段である。また、しばしば、バーチャルな現実を伝達する手段でもある。情報化社会では、メディアの比重が増している。したがって、自己に備わったフィルターのかけかたと同時に、メディアの活用の仕方が、情報化社会での人間の内的世界の形成には、重要になってくる。

これらが、コミュニケーションにとって、そしてさらに、これからの情報リテラシーには、必須となるだろう。

## 9. 人間にとっての情報

人間は、どのような情報を摂取しているのだろうか。動きや変化のある情報に対して人間が敏感であることはすでに述べた。このことは、ほとんどの動物に共通的である。人間の特徴は、新しい情報への積極さだろう。人間は、自分にとって、新しい情報、新鮮な情報に対して、積極的に反応する。陳腐な情報を、人間はあまり取り入れない。有効な情報は、その人にとって新鮮なものに限るのである。霊長類にみられる好奇心の強さも、新しい情報を求める姿の表れだろう。

子供達をみてみよう。子供達は素直である。彼らは、ものすごい勢いで情報を摂取している。それが、子供の成長、発達をもたらしている。しかし彼らは、自分に興味・関心のないものや面白くないものに対しては、見向きもしない。彼らにとって、面白いものとは、自分にとって新鮮なもののことである。どんなに重要に思える情報であっても、二番煎じで退屈なものを、すすんで取り入れようとはしない。事情は、大人にとっても同じである。ただ子供と違って、大人の場合は、社会的な制約や規範も、情報摂取に関係してくるので、新鮮な情報の大切さが見えにくくなっているのだ。

新しい情報は、人間にとってみれば、面白い情報であり、判断や意思決定など、脳の活動度が自由で大きくなるような情報である。したがって、人間が情報を摂取する場合、人間にとって有効な、意味のある情報は、新鮮さ（Freshness）、おもしろさ（Fun）、自由（Freedom）の三Fをメルクマールとすることができるだろう。

北村美遵は、人間の進化は、快の刺激をとり続けたことによるのではないか、と述べている。欲望といわれる刺激が、快感物質ドーパミンの放出を促し、人間に快の感覚をもたらすが、その時、創造性をつかさどる前頭野も刺激を受けるという仮説を提出している。[20]

感情系は、認知系と相互作用し、外界のある状態に対して生物学的価値判断をする。特に、快感や不快感は、生物（人間）を行動に駆り立て、目標に向かわせる内的過程（動機づけ）となる。[12] したがって、快の感覚を得ることは、欲望とつながり、学習だけでなく、広く人間の行動全般を制御しているのだろう。

新しい情報を得ることも、人間の欲望のひとつではないだろうか。私たちは、新たな情報を得たとき、満足感が得られる。食欲や性欲のような欲望は、それが満たされればさしあたっては充足し、時がくれば再び欲望が生じる。これらの欲望と充足の関係はサイクルを描く。それに対して、情報は、欲望が欲望を生みだす構造をもっている。情報は、新たな情報の積み重ねを要求する。積み重ねるためには、陳腐な情報は意味をなさない。常に、新たな情報を得る必要がある。情報の蓄積は、意思決定、そしてそれにもとずく行動を確かなものにして、人間を優位な位置に押し上げ、人間自身も新しい情報を摂取し続けることにより、自己の内的世界を大きく、豊かなものにする。このプロセスが、人間を進化させた源ではないだろうか。モノについても、人間は同じような欲望を持っている。しかしながら、モノの所有（蓄積）は、情報のように、意思決定に寄与しないし、人間を発達させもしない。

人間は、世界に存在する無限の情報の中から、巧妙な仕組みによって、取捨選択して情報を摂取し、蓄積し、人間自身をつくりあげ、さらに、進化させてきたに違いない。

**註**

1) 梅棹忠夫『情報の文明学』中央公論社、一九八八年。梅棹忠夫『情報の家政学』ドメス出版、一九八九年。M. マクルーハン、栗原裕・河本仲聖訳『メディア論――人間の拡張の諸相』みすず書房、一九八七年。M. マクルーハン、K. フィオーレ、南博訳『メディアはマッサージである』河出書房新社、一九九五年

2) 吉田民人『自己組織性とはなにか』ミネルヴァ書房、一九九五年、四七頁。『自己組織性の情報科学』新曜社、一九九〇年、九五頁

3) Y. トゥアン、小野有五・阿部一訳『トポフォリア――人間と環境』せりか書房、一九九二年

4) 鳥越皓之編『環境とライフスタイル』有斐閣、一九九六年

5) 坂井利之『情報の探検』岩波新書、一九七五年。
6) 小林繁、熊倉鴻之助、黒田洋一郎、畠中寛『脳と神経の科学』オーム社、一九九七年
7) M．I．ポスナー、M．E．レイクル、養老孟司・加藤雅子・笠井清登訳『脳を見る――認知神経科学が明かす心の謎』日経サイエンス社、一九九七年、一八頁
8) 斉藤秀昭、森晃徳編『視覚認知と聴覚認知』オーム社、一九九九年
9) 乾敏郎編『認知心理学 一 知覚と運動』東大出版会、一九九五年
10) 前田章夫『視覚』化学同人、一九八六年
11) 澤口俊之『幼児教育と脳』、文春新書一九九九年、七五―七九頁
12) 塚原仲晃『脳の可塑性と記憶』紀伊國屋書店、一九八七年、一〇一頁
13) 守一雄『現代の心理学入門一 認知心理学』岩波書店、一九九五年、六五―八二頁。乾敏郎、市川伸一「認知科学における視覚とイメージ研究の動向」日本認知学会編『認知科学の発展 Vol.6 特集 視覚とイメージ』講談社、一九九三年、一―一九頁
14) 藤岡喜愛『イメージと人間』NHKブックス、一九七四年、『イメージ――その全体像』NHKブックス、一九八三年、六八頁
15) 香山リカ『テレビゲームと癒し』岩波書店、一九九六年
16) 鳥山敏子『いのちに触れる――生と性と死の授業』太郎次郎社、一九八五年、『ブタまるごと一匹食べる』フレーベル館、一九八七年
17) 久保正敏『マルチメディア時代の起点』NHKブックス、一九九六年
18) 杉原利治「骨董の宇宙・人間の宇宙」『あうろーら一八号 宇宙と空と海と大地／文明のフロンティア』二〇〇〇年

19) 川上和久『メディアの進化と権力』NTT出版、一九九七年
20) 北村美遵『情報と脳と欲望』中央公論社、一九九五年

# 第7章　人間の発達と情報環境

環境は、人間にとって重要な意味をもっている。それは、環境と人間との関係、とりわけ環境との相互作用による人間の発達である。環境は人間の発達を促す。だから、環境の保護や自然の回復は、人間にとってこそ重要である。もちろんそれは、人間だけが独占的に環境を享受するということではなく、他の動植物との共存や自然そのものの保存を含めたものであることはいうまでもない。

環境と人間は、情報を通じて相互作用をする。人間にとって、環境は、情報を取得する場である。このような観点から、人間の発達に対して、環境がどのような意味をもっているかを考察し、環境のあり方を考えてみたい。

## 1．狼に育てられた少女

たいていの人間は、よく似た環境で一生をすごす。だから、環境が人間に与える影響について、普通、あまり注意が払われることはない。だが、通常ではあり得ない、極限の状況に遭遇したとき、環境が人間に対してもつ、重要な意味が浮かびあがってくる。

環境が人間に与える影響について、異常な環境、極限の状況を受け入れざるを得なかった子供の例を見てみよう。

インドのベンガルで、ひとりの少女が、つづいてもうひとりの少女が狼にさらわれた。それが狼に育てられた二人の少女、カマラとアマラである。二人の少女のうち、カマラは一七年間生きて、その詳細な記録が残されている。[1]

カマラは、狼の子として狼に育てられた。三匹の本当の狼の子供達とともに、洞穴の中で親狼に育てられ、狼の文化、狼の行動様式を受け継いだ。四本足であるき、走りまわった。物をつかむのに、手ではなく口を使い、食べ物も口でくわえた。生肉、腐肉を好み、昼間はうとうとしているのに、夜になると視力が増し、とおぼえをあげながら獲物を求めた。

カマラの乳姉妹アマラも全く同じ様にして育ったが、アマラはカマラより七才年下で、まだ赤ん坊（一年六か月）であった。

ここまでが、狼に育てられた少女のストーリーの前半である。

カマラは人間の子供として生まれた。正常な赤ん坊であった。脳の発達を阻害する病気にかかったことはなく、外傷もなかった。また、感覚器官に障害をもった子供でもなかった。カマラが正常な子供であったことは、狼の洞穴内での生活に順応したことからも明らかだ。

けれども彼女は、狼に育てられた。狼にとって必要な刺激と情報を、狼社会という環境の中で与えつづけられた。その結果、カマラは狼になった。少なくとも、狼として生活するのに不自由しない程度にまで発達したのである。それをもたらしたのは、狼の環境下で発達したカマラの脳である。

人間は環境によっては、人間以外のものにもなりうる。それは人間（の脳）が、生まれた時点ではまだよく発達していないからだ。では、一度できあがった人間（の脳）は、もう変わらないのだろうか？　その答えを得るには、狼に育てられた少女のストーリーの後半を追わねばならない。

## 2. 狼から人間に戻った少女

一九二〇年一一月、洞穴で捕らえられたカマラとアマラは、シング牧師によってインド、シドナプルの孤児院に収容され、そこでカマラは死ぬまでの九年間をすごすことになる。孤児院での生活は、二人に人間の環境を提供した。ことに、シング牧師の夫人は、二人の少女をわが子のようにいつくしんだ。シング夫人が、カマラの全身を毎日マッサージして、筋肉をほぐしてやると、彼女の心（脳）もしだいにほぐれてゆき、ゆっくりと、人間としての発達をとげていった。

四つばいの姿勢から、しだいに、体と頭を持ち上げ、膝で立って食べ物をとろうとするまでになった。そして、ついには、両足で立って歩けるようになった。腹ばい、四つばいをへて、二本の足で立ち、そして歩く。人間は必ず、これら一連のプロセスをたどって発達する。それは、脳の発達に対応している。カマラは人間の環境の中へ戻された結果、両足で立ち、歩くという、人間の系統発生からすれば、最も高度な姿勢をとることができるようになったのである。

食べ物も盗まなくなり、朝の礼拝にも出席するようになった。だんだん物静かになって、文字をおぼえ、ことばを話すようになった。一九二二年には、シング夫人を「マー」とよび、のどが渇いたら「ブーブー」と水を求めた。一九二四年には六語、一九二六年初めには四五語が話せるようになった。一九二七年には歌もうたえるようになった。乳姉妹のアマラの死に際しては、二粒の涙を流したという。

しかし、残念なことに、一九二九年一一月一四日、カマラは尿毒症で死んでしまった。一七才であった。知能は三才六か月程度であった。

もう一人の狼少女、アマラはどうだったろうか。不幸にもアマラは、人間の環境に入ってから、一年もたたないうちに死んでしまった。一才七か月の小さなアマラは、まだ脳が比較的初期の発達段階にあったといえる。そして、洞穴から孤児院に来て、わずか二か月しかたたないうちに、アマラはもう、「ブー（水）」といって、のどの渇きをうったえたのである。

狼に育てられた少女、カマラのストーリーの後半は、人間環境の中で、人間としてあらたに育って行く過程である。狼の洞窟内で狼の生活に順応したように、カマラは、八才になってから、はじめて、人間への複雑なプロセスを一歩一歩のぼっていった。アマラと較べて、カマラの発達は決して早くはなかった。孤児院に来て二年後の一九二二年でも、鶏を追いかけて捕らえ、生肉や臓物をむさぼり喰った。しかしこれは、必ずしもカマラの可能性の小ささを示してはいない。歩みは遅かったが、人間として発達し、人間社会の文化に適応して、人間の子供へ、そして、大人へと向かおうとしていた。

カマラは発見されたとき、もうすでにかなりの程度、狼の情報を与えられ、狼として発達してしまっていた。カマラの狼環境は七年間と長かったのだ。発達の初期の段階にあったアマラと較べて、年もとっていた。その後、人間として発達するためには、人間にとって必要な情報を取り入れて脳を発達させるだけではなく、狼として発達した脳を駆逐する必要があったのだ。

いずれにしても、二人の少女の物語りは、発達の早い段階で、人間の環境に人間を置き、必要な情報を適切に与えることの重要さを示している。

## 3. 情報による脳の発達

ヒトは、あらゆる動物の頂点に立つといわれている。火を使い、二本足で歩き、道具を発明し、自然をつくりかえる。イヌやネコはもとより、サルにもできない芸当だ。

だが、生まれたばかりの人間は何もできない。目は見えない。耳もよく聞こえない。手足を動かして移動できるまでには何カ月もかかる。人間の脳は生まれてすぐには、まだほとんど発達していないのである。それに対して、サルの子は、二週間もすると大人のサル達と行動を共にすることができる。ウマの子は、生まれてすぐに駆け出す。

人間の脳は確かに大きい[2)3)]。男、一四〇〇g、女、一二五〇g。ネズミ(一・六g)、ネコ(三一・〇g)、イヌ(六五・〇g)、サル(八八・五g)、ゴリラ(四五〇g)、よりもはるかに重い。しかし、ゾウ(四〇〇〇g)やマッコウクジラ(九二〇〇g)よりは軽い。体重当りの重さでは、確かに人間の方が重いが、脳の軽重を議論することにあまり意味はないだろう。むしろ、人間の脳は、十分すぎるほどの大きさ（細胞数）をもっていると考えた方がよい。脳の重さやシワは、脳の進化や発達と直接的関係がないのだ。

人間の脳の特徴は、むしろ、その未発達性（発達の可能性）にある。[2)3)] 生まれたときは、まだ十分に発達していなくて、四〇〇gしかない。それが、六か月で八〇〇g、七、八か月で一〇〇〇gに達する。急激な成長だ。

人間は、みな同じ数の脳細胞（一四〇億個）をもって生まれてくる。カマラも、ヘレン・ケラーも、アインシュタインも、そして、わたしたちも。また、人間の脳細胞の数は生まれたときの一四〇億個からほとんど変化しない。脳細胞は、分裂や増殖をしないのだ。体の細胞が二兆個（赤ん坊）から五〇兆個（大人）へと急速に増加するのと対照的だ。だから、人間の脳が一年足らずで二倍半にも重量が増加するのは、脳の質的変化のためである。

脳神経細胞（ニューロン）の特徴は、一個のニューロンが、三〇個～二〇万個もの樹状突起をもっていることだ。環境からの絶えまない働きかけによって、樹状突起は互いに絡み合い、接合部（シナプス）をつくり、ネットワークを形成してゆく。かくして、一個のニューロンは、平均三〇〇〇個（数え方によっては一万個）ものシナプスをもつことになる。この無数のネットワークの形成が、誕生からの脳の重さの増加であり、脳の発達、すなわち人間の成長なのだ。

最近の科学の進歩により、このネットワーク形成を実際に目で見ることができるようになった。NHKスペシャル「脳と心・五――復元力・発達と再生」[4)]をご覧になった方も多いと思う。樹状突起が伸び、ネットワークが形成されていく映像に思わず息をのみ、脳の中での出来事が目の当たりに展開されることに驚かされる。

さらに、傷ついた脳も再生する。事故で脳の半分を失ってしまった少年が、ひどい言語障害や半身不随に陥らずに、日常生活をおくっている例もある。もう一方の脳が、失われた脳の機能を担うようになったからである。人間の脳の可塑性・柔軟性は、そのまま脳の無限の可能性を示している。絶えまない脳への働きかけ。環境からの刺激や情報によって、ニューロンの絡み合いが形成される。脳はこのようにして、人間が生きているかぎり、発達を続ける。もちろん、その発達は、年齢が低いほど急速だ。

### 4. 環境によって発達する人間

環境とは、人間にとってみれば、刺激や情報の集まりである。そして、環境からの刺激や情報を受け取るのが、視覚、聴覚、触覚、味覚、嗅覚の五感である。目、耳、皮膚、舌、鼻の感覚細胞が、受容した刺激や情報を脳へ伝える。人間と環境の相互作用のうち最も重要なものは、このような感覚器官による情報の摂取である。なぜなら、このような情報によって、脳の発達がなされるからだ。

情報によって発達するのは、もちろん、人間だけではない。あらゆる生き物は、環境（情報）との相互作用で、自己を成り立たせている。特に、人間に近い類人猿では、そのことをはっきりと見ることができる。チンパンジーが高い知能を持っていることはよく知られているが、類人猿ボノボのカンジは、人間に生育されて驚くほどの言語能力を発揮している。もちろん、生育者であるスー・サベージ－ランボー博士が、カンジに与える情報環境が優れているからである。[5)]最近、カンジには子供がうまれ、その子供の言語能力や理解力の発達は、人間の子供と同等か、それ以上ともいわれている。これは、その子にとって、カンジよりももっと良好な環境が、カンジと博士によって与えられているからだ。

一方、人間の情報摂取能力は、他の動物よりもはるかに高い。その理由はいくつか考えられる。まず、ヒトは、肉体的に無防備である。他の動物のように、厚い毛皮に覆われていない裸の姿だ。その分、鋭敏である。いまから四〇〇万年前、ヒトはヒトの祖先、猿人から分かれた。最近の遺伝子研究によれば、動物のような毛をもたないヒトは、まず、有害な太陽の紫外線から肉体を保護するためのメラミン色素を多く持ったネグロイドであったらしい。その後、一〇～一一万年前にモンゴロイドが分かれ、さらにコーカソイドが七～八万年前に出現した。だんだん、色素も薄くなってきた。中程度にメラミン色素をもつモンゴロイドは、黄色い肌、黒い髪、そして黒い瞳をもっている。色素の乏しいコーカソイドは、肌が白く見え、瞳はブルー、毛髪は銀色や金色だ。いずれにしても、毛皮はもとより、わずかの色素しかもたない肉体は、文字どおりのまる裸である。無防備で傷つきやすい体。しかし、見方を変えれば、傷つきやすい肉体は、環境からの刺激や情報を鋭敏にキャッチし、脳へ伝える装置を備えているともいえる。無防備な体は、環境から情報をとりいれ、脳を発達させるには好都合だったのだ。

環境がもたらす刺激、情報の意義について、日常的にはあまり注意がはらわれない。けれども、なんらかの理由によって感覚器官に障害をもってしまった場合、環境からの情報とそれを受容することの重大さが明らかになる。その例が、ヘレン・ケラーである。

一八八〇年にアメリカ合衆国アラバマ州に生まれたヘレン・ケラーは、活発な少女だった。しかし、二才のとき、高熱の病気におかされ、一命はとりとめたものの、視覚と聴覚、そしてことばを失ってしまった。あらゆる情報の中で、視覚をとおして受容される情報が最も多い。次が聴覚である。そして、人間の発達が進めば進むほど、視覚情報の重要さは増す。だからヘレン・ケラーの負った障害は、人間の発達からすれば、致命的なものに近かった。

しかし、ヘレン・ケラーの両親は、彼女の才能と発達を信じ、家庭教師のアニー・サリバン先生に、彼女を託した。情熱的なサリバン先生と強い意思をもったヘレン・ケラーの二人は、残された触覚、味覚、嗅覚をつかって、すさまじい勢いで、情報をヘレン・ケラーの脳におくりこむことに成功した。ヘレン・ケラーは名門女子大ラドクリフ・カレッジを卒業し、テンプル大学とグラスゴー大学で、博士の学位までとったのである。

教育が人間の発達を促すものであるとするならば、二人の営みは、教育のあるべき姿を示していると言えるだろう。

ヘレン・ケラーや狼少女の例は、障害を負った子供たちでも、あるいは、人間としての環境下になかった子供達でも、適切な情報が与えられる環境を設定してやれば、大きく発達できることを示している。

## 5. 脳障害児の発達と環境

障害をもった子供達は、文字どおりハンディを背負っている。彼らは、人間の発達にとって、必要な感覚器官に障害がある場合が多い。現在の情報は視覚によるものが多いので、視覚は人間の発達にとって極めて重要である。

三〇年ほど前、医療事故により未熟児網膜症の子供達が多く出現した。未熟児として生まれてきた赤ちゃんを保育器にいれ、酸素をおくりつづけたのである。新生児の視覚系の発達を酸素は阻害する。その結果、多くの子供たちの目が見えなくなってしまった。視覚情報を失った人達のその後の発達は困難をきわめている。視覚情報が入ってこないために、情報は極めて限定されてしまう。それがどのようなものであるか、私達も一日でもいいからアイマスクをかけてすごしてみると、少しは納得できる。視覚情報の欠如のため、未熟児網膜症の子供達には、視覚に関係したものだけでなく、しばしば脳全体の発達の遅れもみられるようになってしまったのである。

人間の感覚や運動をコントロールするのは、すべて脳である。では、脳に障害をもった人間は、もう発達できないのだろうか。

様々な障害をもった人達に対して、適切な環境下で、適切な刺激、情報を与えつづけることにより、脳を発達させ、障害児の治療を行っている機関がある。一般には、ドーマン法として知られている、人間能力開発研究所[6]（アメリカ、フィラデルフィア）である。グレン・ドーマンを中心にして開発されたこの方法は、日本では、天才福永騎手を救った奇跡の治療法として、広く知られるようになった。彼は、レース中に落馬し、その時、乗っていた馬に頭部を蹴られた。頭部損傷により、植物状態になったのである。しかし、人間能力開発研究所での治療、そして、その後、二四時間体勢の絶えまざる訓練（様々な方法によって、脳に刺激と情報をおくり、脳を発達させること）により、日常生活が可能なところまで回復した。

ドーマン博士らによって開発された方法では、人間の視覚、聴覚、触覚、味覚、嗅覚に対して、適切な頻度と強度で、適切な時間だけ、刺激や情報を与える。そして、腹ばいや四つばいによって、刺激、情報を脳へおくり、歩行、さらには走行へと、人間（脳）の発達を促そうとするものだ。

人間は、視覚、聴覚、触覚などの感覚系と、運動、言語、手の機能などの運動系からなりたっている。それらは、人間が誕生したときから、徐々に発達する。そして、その発達は、延髄、脳橋、中脳、大脳皮質の発達によっている。しかも、延髄、脳橋、中脳、大脳皮質の順に、しだいに、高度な感覚と高度な運動をつかさどるようになる。したがって、人間は、すなわち人間の脳は、系統発生的にも、個体発生的にも、この順を追って、発達する。

たとえば、赤ちゃんは、生まれてから平均七か月位で、輪郭の細部が認識でき、意味をともなう音を聞き分ける。これは、中脳レベルの感覚である。さらに三六か月では、記号や文字を識別し、二〇〇〇語のことばや簡単な文章を理解できるようになる。これらの感覚の発達は、大脳の初期皮質の発達に対応している。

運動面では、生まれてから七か月で手と足を交差させて腹ばいをし、意味のある音を出し、物を手でつかむ。これは、中脳による運動である。三六か月たてば、歩き、走り、二〇〇〇語のことばや短い文章を話すようになる。両手が使え、片方が優勢（きき手）になる。このレベルの運動は、大脳初期皮質がつかさどる。

どのような人間も、必ずこれらのプロセスをとおって発達する。つまり、すべての人間は、同一のステップをのぼりながら、脳を発達させてゆく。脳の発達、すなわち人間の発達には順序があるのだ。

コンピュータとの対比でいうならば、人間の感覚系はコンピュータの入力に相当する。五感をとおして刺激や情報を入力するのだ。運動系は出力である。動き、話し、手をつかう。入力がなければ、何も起こらない。そして、あるものが、入力されれば、それに応じて、結果が出力される。コンピュータでは、数字が入力されれば、計算結果がでる。人間の子供では、大好きな母親の声を聞いたり、姿を見たりすれば、乳をねだったり、抱きついたりする。

このように、人間でもコンピュータでも、入力に応じた出力がなされる。けれども、コンピュータと異なり、人間の場合は、刺激や情報の入力によって、脳が発達する。刺激や情報を感覚器官が受け入れ、それが、脳を発達させ、その結果、感覚器官や運動能力が高まるのである。

そこで、ドーマン法では、感覚刺激を二四時間与えつづける。また、腹ばい、高ばいによって、中脳、大脳に刺激をおくり、その発達を促すのである。腹ばいや高ばいは、一日に何㎞もの距離に達する。このような、刺激と運動のプログラムが、脳をプログラム（発達、編成）させるのである。

もちろん、そのためには、一日中、二四時間、刺激、情報を与えつづけるという猛烈な訓練、気のとおくなるような努力が必要である。ドーマン法は世界中で最も過酷な訓練といわれる由縁だ。その結果、目の見えない子供が、文字を読めるようになり、重い障害で手足を動かすことすらできなかった人も歩けるようになる。まさに、奇跡が現実のものとなる。

情報、刺激の連続による脳の発達。このことは、障害を持たない子供達そして大人についても全く同じである。

## 6. 発達を促す環境と教育

このように考えて来ると、人間にとっての環境、特に幼児に対しての環境のありかたが浮かんでこよう。人間にとって最も大切な時期に、最も重要な脳の発達を促す環境を用意すること。それが、人間にとって最も重要なことである。

では、人間の発達を促す、「豊かな環境」とはどんなものであろうか。ここに、アメリカの神経生理学者M．K．ダイアモンドの興味深い実験がある。[7] 彼女は、ラットを刺激の多い環境と弧絶した環境下で育て、比較した。一方は、小型の飼育箱に一匹のラットをいれた貧しい環境、もう一方は、大型飼育箱に一二匹のラットと遊び道具をいれた豊かな環境を用意した。すると、刺激の多い環境下で育ったラットの方が、ニューロンの樹状突起が伸び、シナプスが成長して、脳の発達が著しいという結果が得られたのだ。同様の実験は、ロシアのクロソフスキーによっても行われている。生まれてすぐの子猫を、ゆっくり回転するターンテーブルのうえにのせて育てると、脳が二～三割方よく発達するというものだ。また、ホワイトの研究によれば、視覚情報の多い環境（ベッド）で育てた赤ん坊は、手を凝視し始める時期が早かった。つまり、視覚情報の多い環境の方が、触覚が発達するのである。[8)]

最近、脳神経ニューロンについて、非常に重要な研究がなされた。今まで、生後は生成されないと考えられていたニューロンが、新しくつくられるのである。しかも、豊かな環境がそれを促進する。米国ソーク研究所のF．ゲージらの研究によれば、成体のネズミを遊び道具の多い環境において実験したところ、海馬という記憶中枢の脳領域で、新しいニューロンが多く生成された。このようなニューロンの新生は、サルや人の海馬でも見いだされている。[9)]

これらの事実は、多くの刺激と情報をもたらす環境が、発達を促す「豊かな環境」であることを示している。人間の場合は、不幸にして、豊かな環境の例をみることは少なく、貧困な環境の例がいくつか知られている。たとえば、社会学者G．ディビスの報告によると、暗い部屋の中で人間社会から隔離して育てられた少年は、発見された時、人間らしさが全くなかったという。また、幼少時に文明から隔離され、その後発見されたアヴェロンの野生児も、人間社会の情報から切り離された結果、人間としての発達が著しく滞ってしまった。[10)]

このように、豊かな環境は人間の発達のために欠くことができない。しかし、その発達をさらに加速させることもできる。それは、教育である。そもそも、教育は、人間の発達を促すためにあるはずである。外界（環境）からの刺激や情報を摂取して人間は発達する。環境が豊かであれば、それは自然に起こる。教育は、その発達を、よりはやく、しかも、確実に行う手段のひとつである。教育は、刺激や情報を人間の発達に最適なように与える方法といえる。したがって、教育を長期間受ければ受けるほど、人間はより高度に発達するはずである。

さらに、環境と人間の関係を考える場合、もうひとつ重要なものがある。それは感性だ。感性は、人間と環境とをつなぐものだ。感性とは、外界から取り入れた情報をもとにして、自己の内部に、新しい世界を構想する能力と考えてよい。他人に、そして、弱いものに思いをはせ、自然を享受することのできる豊かなこころ。それは、とりもなおさず、人間の内部に豊かな世界を描かせるもののことではないか。

人間の感性は、かなり幼い時期に育まれる。そして、その感性は、環境を通じて育まれるのである。その場合、自然環境が損なわれていれば、その環境下で得られる内的世界は貧困なままで終ってしまうだろう。もし、にせものの環境しかなく、ほんものを知らなければ、にせものがほんものになってしまう。また、美しいものに多く接しなければ、美しい世界を描くことはむづかしい。しかし残念なことに、現在の教育は、人間の感性を殺す方向にはたらく場合の方が多いといわざるをえない。

環境汚染や環境破壊は、人間を豊かにする環境が危機に瀕していることの証だ。子供達が、今の私達よりも、ずっと美しく、豊かな世界を自分の内につくりあげることができるようにすること。そのための、自然環境、社会環境を整え、さらに、人間の発達を真に保障する教育のシステムを確立することが、今を生きる私達の努めであるだろう。

## 註

1) A．ゲゼル、生月雅子訳『狼にそだてられた子』、家政教育社、一九六七年

2) 時実利彦『脳と人間』雷鳥社、一九六八年

3) 時実利彦『脳と保育』雷鳥社、一九七四年

4) NHKサイエンススペシャル『脳と心　第五巻　秘められた復元力［発達と再生］』日本放送出版協会、一九九四年

5) S．サベージ-ランボー、R．ルーウィン、石館康平訳『カンジ　言葉を持った天才ザル』講談社、一九九七年

6) G．ドーマン、幼児開発協会訳『親こそ最良の医師』サイマル出版会、一九七四年

7) M．K．ダイアモンド、井上昌次郎・河野栄子訳『環境が脳を変える』どうぶつ社、一九九〇年

8) 乾敏郎編『認知心理学　一知覚と運動』東京大学出版会、一九九五年、二五八頁

9) 朝日新聞、二〇〇〇年五月一〇日夕刊、科学欄

10) J．M．G．イタール、中野善達・松田清訳『新訳　アヴェロンの野生児』福村出版、一九七八年

# 第8章　危険な環境教育――環境教育は教育を変える

## 1. 環境問題と教育

一九九三年七月、「『環境』と『教育』との関係をどう考えるか」というタイトルの講演を、日韓家政学シンポジウムでおこなった[1]。このとき、実に貴重な体験をした。その体験をもとに、環境教育の根本課題を考えてみたいと思う。

講演の内容は、(1)環境問題と教育の本質的関係、(2)物財の消費の仕方と環境問題、(3)家庭科の特質をいかした環境教育のあり方、(4)コンピュータを用いた環境教育の方法、(5)今後の課題、であった。

現代は、人と人との関係、人と自然の関係が希薄になった時代である。この二つの関係性の希薄化が、環境問題を引き起こしている。と同時に、教育そのものをも困難にしている。したがって、環境問題と教育問題とは、密接で切り離せない関係にある。また、これら二つの問題の解決は、教育と環境とが相互作用しあってなされるだろう。

環境問題は、人間の生活に起因している。なぜなら人間は、生活過程、すなわち、物財の生産、使用、廃棄をつうじて、環境に影響をあたえるからだ。したがって、生活問題を教育で扱う家庭科は、環境問題との結びつきが特に大きい。そこで、家庭内の物財の消費過程をシミュレートするソフトウェアを開発し、そのソフト『私の家庭・みんなの地球』を用いた教育を例示して、環境教育の方法と課題を論じた。結論として、教育を蘇生させるためには、自由、新鮮さ、おもしろさの三つが絶対に必要である。さらに、環境教育は、規範を前提にした近代の教育そのものをも問い直すにちがいない。

このような主旨の講演に対して、かなり不満をいだかれた人が何人かいて、講演の後、いくつかのやりとりがあった。そして、そのうちの一人が最後に「○○○○○……（この部分、意味不明）……○○○○○。このようなものは危険ですっ！」と叫んだ。わたしは、ひどく驚き、かつ、当惑した。二〇数年の内外の学会活動の中で、「危険！」なぞということばは、聞いたこともなかったからだ。少なくとも、まともな研究者ならこのようなボキャブラリーは使うまい。すると、行政関係者か？

一五年ほど前の光景がよみがえった。それは、ある中学校の研究授業であった。ベテランの女教師が、一生懸命に授業を行っていた。すばらしいできばえというわけではなかったが、新しい試みを加えた授業は、清々しいものであった。ところが、指導者の御高評になるにおよんで、雰囲気が一変した。「こんな授業は、危険だ！　指導要領を逸脱する恐れがある」とのヒステリックな叫び。授業の評価をするのではなく、「こんな実践をしていては、あなたのためにならないだろう」とのすごみをもただよわせていた。

その後、さすがにこのような露骨な表現は、教育（行政）の現場でも、表だっては聞かれなくなったが、本当のところは変わっているのだろうか、との思いをずっと抱いてきた。

私の講演に対して、「危険だっ！」とおっしゃった人が、文部省の環境教育資料作成協力者の一人であると後で人から知らされ、驚きをあらたにするとともに、なるほどと納得もした。

ことは、「環境」と「教育」の問題を考えるにあたって、重要な問題を含んでいると思うので、「危険な環境教育」について、私なりの分析をしてみたいと思う。

## 2.「危険」ということば

まず、ことばをてがかりにしよう。ことばは、ことがらに意味を付与するだけではない。自己を表現する手段だ。言霊という大仰な表現を用いるまでもなく、ことばには品性が宿る。時代の雰囲気も象徴する。

「危険」とは、広辞苑によれば、「危害または損失の生ずるおそれがあること」とある。危害や損失はどうして生ずるのか？　また誰に、危害や損失がおよぶのか？　いくつかの疑問がうかぶ。

そこで、「危険」ということばの使われ方を考えてみる。

「危険だから、川へは遊びに行くな」「危険物を、機内に持ち込まない」「危険の及ぶ半径二〇km以内は立ち入り禁止」「危険人物には近付くな」

このように「危険」ということばは、ある基準に照らして、基準に適合しないものを忌避、排除するために用いられる。ところで、「危険！」と叫んだ人は、「危険」の基準を、その時には示さなかった。まさか、それは、法律やバイブルのようなものではあるまい。とすれば、その人の内部でつくられた基準、しかも、何かによって権威づけられた(ような気分になる?)基準であろう。ぜひとも、それを、明らかにしてもらいたいものだ。

危険の基準、すなわち、適合、不適合の判断のより所が示されていないので、当日なされたいくつかのやりとりをもとに、私なりに、「危険!」である由縁を推定するしかない。

それは、以下のようになる。

① コンピュータで環境問題を扱うから、コンピュータを用いて教育をするから危険だ
② 教育に「自由」を説くから危険だ
③ 教育に「おもしろさ」や「新しさ」を求めているから危険だ
④ 「教育が変わる」というから危険だ
⑤ ゲームをもちあげているから危険だ
⑥ 環境や教育を根本的に考えなおすから危険だ

## 3. コンピュータは危険?

当日のやりとり(議論ではない)のなかで、最も時間が費やされたのは、コンピュータについてであった。この人(達)のおっしゃろうとすることは理解しがたかったが、私なりに整理すると、「コンピュータで環境問題を扱うから危険だ。コンピュータを用いて教育をするから危険だ」と要約されるだろう。ふるくからあり、一見もっともらしいのが、コンピュータなどという機械

で現実（「教育」や「環境」）を扱えるはずもないし、扱ってはならない。コンピュータのような機械が、人間になりかわるのは畏れおおいというのである。

たしかに、コンピュータが扱うのは仮想現実である。そこからしか出発しようがない。コンピュータを教育に用いるとき、大切なのは、コンピュータが用意する世界を十分大きくすることと、用意した世界のインパクトをできるだけ大きくすることだ。あたりまえのことである。

TVゲームに寝食を忘れる少年を現実逃避と揶揄するのはたやすい。また、そんなものは何物も生み出さないと非難することもできる。仮想現実ばかりに浸っていると、本当の（?）現実がわからなくなるとも。

私達人間にとって、現実とは一体何だろうか？　目に見え、肌でふれ、耳で聞くことのできるアクチュアルな物理的現実。さらにまた、人工的につくられたバーチャルな現実もある。これらが、普通にいわれる世界（外的世界）だ。だが、もうひとつ大切なものがある。人間の内部につくられる世界（内的世界）だ（第6章）。人間が見る風景は、目に見える即物的な世界だけではない。私達の脳の中にはもう一つの世界が広がる。後者の世界は、ややもすれば、みおとされる。それらは、現実風景や心象風景と言われるものに近い。両方が、人間にとっての世界である。

教育であろうと、環境であろうと、芸術であろうと、この複合化された世界にしか、およそ創造的なものは求めようがないではないか。そして、二つの世界間の相互作用によって、人間は成長する。

外的世界だけから世界をとらえようとするなら、世界は狭小なもので終ってしまうだろう。悪しき現場至上主義に陥ってしまうのだ。教育や環境が語られるとき、しばしば現場崇拝がおこる。環境問題についていうならば、自然と直接に接しないのは不謹慎だ、との主張さえある。しかし、より重要なのは、人間による世界のとらえ方ではないだろうか。たとえば、一年間のスパンで考えるか、これから一〇〇年間の地球を考えるかによって、地球温暖化もとるに足らないものであるか、重大問題であるかが分かれる。これは、時間を介した内的世界の大きさの違いだ。

差別のありようもそうだ。環境や差別の問題もまた、内的世界のとらえかたの問題を避けては通れない。

外的世界の大きさは、人によってさほどの違いはない。だが、内的世界は人によって大きく異なる。したがって、この世界の大きさは、人間の豊かさを象徴するだろう。逆に、描き得るイメージの貧困さは、人間の卑小さへとつながる。環境問題も、教育問題も、人間の問題に帰着する所以である。

「教育は、外的世界と内的世界との相互作用による人間の発達を、補助する役割に徹するべきだ」というのが私の基本的な考えだ。

ところが、現在の教育はどうだろうか?

「星は、なぜ落ちてこない?」「人間は、なぜ死ぬの?」

こんな疑問を誰しも、子供の頃持ったことだろう。だが教育は、答えようとはしない。私自身も、正しい答えをもっていない。が、少なくとも一緒に考えて行きたいとは思う。ところが、教育の場では、そんなことをしていたら日が暮れてしまう。もっとほかにやるべきことがいっぱいある。さしあたっての現実の方が大切だ。……こうして、現在の教育システムのなかで、子供たちは人間社会がある種の了解（契約）の上になりたっていることを知らされる。かわりに、彼らのもち得る世界は次第に狭くなっていってしまう。

環境問題が語られる時、流行語のようになってしまった「感性」ということばも、このような世界のとらえ方との関係で理解できる。感性とは、感受性と世界の構想力の両方が組みあわさった人間の感覚的能力と定義されよう。世界との相互作用によって、人間は情報をとりいれ、そして人間（の脳）は発達する。この時、情報を摂取するときの謙虚さ（とりもなおさず、情報摂取の鋭敏さ）を担うのが感受性である。また、自分と外界（自然や人間）との関係性を意識して世界を感じ取ろうとするのが、世界の構想力である。感性は、この両方に関係する。このような人間の感性は、人為的に開発されるものではないと思う。人間誰でもがもっているはずの感性を、教育が貧しくしているのではないだろうか。

## 4. コンピュータは魔法の杖か？

もうひとつ出された疑問は、「コンピュータのような道具で教育すれば、人間をあらぬ方向に導いてしまう」「人間の役割をコンピュータに侵されてはかなわない」というものだ。コンピュータに対する恐怖感、畏怖感、その裏返しの反発や無視。どっこい、御安心下さい。コンピュータは、ほとんど何もできないと言ってよい。

ワープロ、表計算……。少しでもコンピュータをいじくった人であれば、すぐに気づくはずだ。

コンピュータはこんなことしかできないのかと、もどかしさで、いらいらする。当然だろう。脳とコンピュータでは、情報の処理の形式がずいぶん異なる。脳は、多くの処理を、並列にこなすことができる。しかも、脳は、外の世界から情報を取り入れ、脳自身をより高度な機能を担えるよう変化（発達）させる。脳にコンピュータが追いつける可能性は小さいのだ。

なのに多くの人々がコンピュータを不必要に恐れる。コンピュータが人間を洗脳してしまうのではないか。コンピュータで環境を扱ったり、コンピュータを教育に使ったら、それこそ狭い軌道の上に人間（子供）を走らせてしまうのではないか。しかし、コンピュータは、新興宗教の勧誘ビデオとは違う。洗脳なぞ及びもつかない。最もよくできたコンピュータソフトウェア（その多くは残念ながら今のところゲームだが）でさえ、人間はコンピュータの提供する世界を、自己の世界のごく一部として取り入れるだけだ。

このような風潮が一般化してしまったのは、コンピュータが何でもできる打出の小槌であるかのように宣伝したきた人達に責任がある。……メーカー、コンピュータ教育の提灯をかかげる一部の学者や教育関係者、コンピュータによって教育の根本問題から目をそらせようとする教育行政（コンピュータを各学校へ設置するのと、欧米並の少人数教育とどちらを優先すべきか、考えればすぐわかる）。

コンピュータ教育を鳴りもの入りで推しすすめなければならない理由はどこにもみつからない。「今の時代、コンピュータぐらいできなくては……」。とんでもない。そんなことを学校でやる必要はない。企業がそれを望んでいるとすれば、日本の産業は早晩滅びるだろう。

私が、コンピュータを使った教育に関心を持つのは、今までの方法では教育が困難であった分野に、コンピュータを使うことで新しい教育が可能になるかも知れないと思うからだ。教育に新しい質がもたらせられるかもしれない。それが、教育の世界を広め、深め、人間の発達を促す可能性を持っていると考えるからだ。[2)]

今の教育でコンピュータを使ってやらなければならないものは何一つないというところから出発して、コンピュータ教育を行なうべきだと思う。教育への信念と謙虚さとがあってはじめて、コンピュータは有効な道具となりうる。

では、コンピュータは危険な道具か？　イエスともノーとも言える。考えてみれば、どのような道具でも危険でないものはあり得ない。コンピュータを含めて、あらゆる道具を人間の側へ引き寄せるのが我々のつとめだ。

## 5. 障害者と想像力

私の講演の次の日は、議論のための時間がたっぷりとあった。そこで、『私の家庭・みんなの地球』を使った授業を実践しておられる高校の先生が、このソフトウェアの使用感を述べられた。彼女によれば、「このソフトウェアは、今まで高校で、自分達が教えようとしても、どう教えてよいか、その方法がみつからなかった環境問題を、実にうまく扱っている。教師自身も教えられることが多かったが、何よりも、今まで授業に関心をしめそうとしなかった生徒達までが、生きき生きと学習するのには驚いた」と語っておられた。

私は、いわゆるおちこぼ（さ）れの子たちが、このソフトウェアで蘇ったことが何よりもうれしかった。教育とは、本来、人間は誰でも、新しいものを得たがっている、というところから出発すべきだと思う。次は、障害をもった（もたされた）児童、生徒達にもこのソフトウェアが有効であることを願っている。なぜなら、handicappedの人達は、やはり、通常の方法による学習に困難を生じているからだ。「そんな人達にかまっているようでは、学習が遅れてしまう」との声もある。だが、学習に障害をもつ人間にとっておもしろくないものは、他の大多数の人間にとってもおもしろいはずがない。ただ、大多数の人間は、「教育が、おもしろくなくても通過しなくてはならない時間を契約することである」と了解するのが少しばかり早いだけだ。

なお、handicappedの人達の多くは、情報を受容する感覚器官さえ奪われていなければ、ものごとを鋭敏に感じとるし、感じとってからさらに世界を構想する能力も大きい。つまり、かれらの感性は非常に豊かだ。ただ、表現が十分でなかったり、表現する手段をもちあわせていなかったりするため、多くの人はhandicappedの人達の感性そのものを疑ってしまうのだ。身体が不自由な障害者に手をさしのべる人は多い。だが、知的障害者は、逆に、さげすまれる。彼らの表現能力の不足を、人々が、彼らの感性や内的世界の貧困さのあらわれと勘違いしてしまうためだ。

## 6. 教育にとって危険とはなにか？

「危険！」といわれる理由の続きに移ろう。

### ② 教育に自由を説くから危険だ

人間の発達、そして、それを支援する教育は、自由度が保障されて初めてなりたつものと考える。少しのゆらぎも許されない、完璧な教育システムこそ非人間的で危険なものと言わざるをえない。各々が異なる人格の人間に対して、オールラウンドな教育理論があるだろうか。環境問題も同じだ。超天才か独裁者によって組み立てられたなら別だが、教育も環境も、普通の人間の営みがもとになっているものであるかぎり、時には踏み外したりしながらも、よたよたと進んでゆくほかあるまい。

コンピュータだって同じことだ。コンピュータを使わない自由も保障されねばならない。ソフトウェアなんて、誤り（バグ）だらけだ。ピカピカに光った同一のソフトウェア（教材）を、全国一斉に使う光景ほど不気味なものはない。何事も、玉石混交が健全な状態であろう。きらきら輝く珠玉ばっかりでどうする？　日本全国、美男美女、善男善女であふれだす。SFかブラックユーモアの世界だ。

③　教育におもしろさ、あたらしさを求めるから危険だ

ここでいう「おもしろさ」とは、人間の知的刺激のことだ。人間にとっての最大の喜びは、新しいことを知ることと、新しいモノや関係をつくりだすことだと私は信じている。少なくとも脳の発達（それは、年齢の若いほど活発であるが、人間である限り死ぬまで続く）に対しては、そうだ。知の欲求にまさるものはない。物欲や支配欲だけでは、人間がこれだけ多くのモノを生みだし、文化を築き上げてきたことは説明がつかない。

一人の人間の成長過程において、知への欲求が、所有欲や支配欲、金銭欲にどんどん置き替わ

っていくのは、人間にとって最も不幸なことではないだろうか。だが、このような転換を、教育は、とくに近代の教育は、促進してはこなかったろうか。

④　教育が変わるというから危険だ

教育は変わらねばならない。教育は変わるはずだ、変わるだろう。一体、この世の中に未来永劫絶対不変のものなぞありようがない。そうでなければ、進歩が、そして退歩もが、ありえない無味乾燥な世の中になってしまう。

⑤　ゲームをもちあげているから危険だ

今の教育状況では、学習の契機になるようなものを、どのようにつくりあげるかが最大の課題だ。この点、ゲームは示唆に富んでいる。また、ゲーム作者は普通思われているより、はるかにすぐれた教育者である。[2] むしろ、問題なのは、敷かれたレールの上をマニュアルどおりになぞって、何かやった気になってしまう今の教育の方にあるのではないか。なお、ゲームはあそびではないが、あそびの要素もある。いずれにしても、あそびやムダのない教育に、人間の発達を期待するのは無理だ。

⑥　教育を根本から考えなおすから危険だ

なるほどこれは危険だ。現在の教育システムを墨守する立場からは。しかしこれは、なにも私が最初に言い出したことではない。心ある、まともな教育者ならだれでも思っていることだ。

理論とは因果なものである。現在までの教育理論で最も美しく、かつ合理的に完成されたものは、第二次世界大戦中の日本や、ついこの間崩壊したソ連等の教育理論ではないだろうか。それぞれの規範原理のもとに、いずれも精致に体系化され、美しく整序化されている。結果が悪かった？　いや、結果を生み出したのは理論そのものであるはずだ。規範をもとに美しく整序化された理論だ。

ソ連が崩壊したのはずいぶん前のことのように思われるが、昔のできごとではない。ソビエト（社会主義）教育を説いていた人達が日本にはたくさんいる。ソ連の崩壊は、その教育に内的必然性があったはずであるが、この人達がその後、民主教育なるものについて発言したことをついぞ聞いたことがない。ソ連の何十年間かの教育は幻であったのか？　彼らは、今となっては、かつてのソ連になりかわるほどの中央集権的なこの国の教育アドバイザーにでもなろうとしているのだろうか？　今こそ、彼の国の教育システムを、内容、方法、そして規範を含めて再検証するまたとない機会だと思うのだが……。

このような中で、環境教育を始めとして、新しい教育が、今までの教育の規範そのものをも問うのは必然ではないか。日本がまた、かつての道をたどらないために、あるいは彼の国の後を追いかけないために。なぜなら、規範によって整序化がすすんだシステムは剛直化する。そして、フレキシビリティを失ったシステムはやがて崩壊するから。

## 7．危険なライフスタイル論

ライフスタイルの問題はシンポジウムでも多くの人達が語っていた。エネルギー・資源消費型社会から循環型社会への転換、そして、そのための個々人のライフスタイルの確立。シンポジウムでも多くの人が、この耳ざわりの良いことばを口にしていた。

環境問題は、人間の問題、つまりライフスタイルへいき着くと私も思う。循環型社会は、そのようなライフスタイルを多くの人達がとることによって初めて実現可能だ。だが、単に、あるべきライフスタイルをとなえることに問題はないのか？

水を例にとろう。節水による水の節約をうたう文章は、どのようなパンフレットにも容易に見つけることができる。もし、九割りの人々が、パンフレットにあるような節水行動をとるならば、不必要なダムはなくなり、川はかつてのように美しい豊かな水をたたえるだろう。それこそ、生活者による革命だ。もし、本気でこんなパンフレットを行政がつくっているとすれば、この国もまんざら捨てたものではない。だが、それは、産業革命以来の社会システムが根本から覆ることを意味する。

ある大都市の水道技術者が、私にそっと語ってくれたことがある。「役所としては、本当に節水されたら困るんです。水道事業も水を売って、利益をあげねばなりませんからね。水の消費は増え続けてもらわないと」。良心的な技術者の内緒話を待つまでもなく、こんなことは容易に想像がつく。たとえば、本気で循環型社会を考えるならば、今でも余っている水を、長良川河口堰によってさらに開発する必要はあるまい。電力に関しても同じだ。

節水に関しては、むしろ企業の方が先へ進んでいる。また、近年の環境破壊は、河口堰、リゾート開発、空港港湾施設、産廃処分場建設のための埋め立て等、公共（?）がらみのものがほとんどだ。そして、公共の名の下に、いざとなればどんなエゲツナイことでもやってくる。このことを、私は、二〇年間ほどの、環境保護へのささやかなかかわりのなかから学んだ。

循環型社会への転換。本気で実行されれば現代社会を侵蝕する危険なスローガンだ。だから、このスローガンはスローガンにとどまることを前提で書かれている。が、たてまえと本音を白日のもとにさらし、その不可侵領域に少しでも立ち入れば、たちまち、「危険！」のレッテル貼りが待っている。

ところで、ライフスタイルの問題はもう一つの危険を伴う。ライフスタイル＝生活様式は、ファッションである。ファッションは個人に属することがらだ。国や、国連や、他人や、教育が、とやかく言う筋合いのものではない。

ライフスタイルはファッションだから、環境問題のファッション化も決して悪いことではない。たとえ、今の環境ブームが、サッチャー元英首相の政治的得点挽回の意図やアメリカのオイル戦略から発したとしていても。

しかし、個人のレベルのライフスタイルをどのように教育で扱えるのだろうか？　歴史の教えるところによれば、ファシズムは、ファッションから始まった。そして、それを完成させたのが教育である。その際、ある規範の下で整序化された教育システムは、最も有効に機能した。[3)]

誤りや逸脱を許さないで、基準からはずれたものを排除しようとする教育システムの下で、ファッション＝ライフスタイルを扱えば、ファッションは容易にファッショへと転化するだろう。これこそ、本当の「危険」といわねばならない。ファッションからファッショへの転化を防ぐ方法やシステムを見いださない限り、環境ファシズムは確実にしのびよってくる。「危険！」ということばに象徴される排除の論理はそれを暗示している。
環境教育をしないと非国民あつかいされる世の中はクワバラ、クワバラだ。多様性をみとめ、外的世界と内的世界、両方を逍遥できる教育システムをもちたいと思う。感性の豊かさはその時、試されるだろう。

## 8. 環境教育に求められているもの

環境教育では、あらゆる方法が試みられる。当然のことだ。コンピュータもその一つにすぎない。必要なのは、それを保障する自由度である。何かの権威にすがったり、規範によりかかって排除するのではなく、あらゆるものを一度はひきうける度量が求められている。自分の行っていることも含めて、すべてを相対化する能力も必要とされる。

環境教育のありかた、その内容や方法について様々な議論がなされている。環境教育についてのまとまったものはまだない。ありえないのかもしれない。様々な試みがなされ、議論がなされる。それは、語の本来の意味において、教育の健全な姿であると思う。

環境問題を扱うとき、できあいのマニュアル（教科書や指導書や副読本やコンピュータソフトウェアなど）に従えばたやすい。が、マニュアルどおりにできるのはまれだ。地域、学校、児童生徒、指導者の実態によって多くのバリエーションがうまれる。指導者や教師には、より大きな裁量が与えられると同時に、また、指導の力量も求められる。[4] けれども、教師とて完全ではない。環境を子供達と一緒に考えていくなかから、発見もし、学びもする。つまり、教育が共育でありうるのだ。

現代の教育システムが、産業革命以来の社会の変化と軌を一にしてきたのはいうまでもない。資本主義、社会主義などという見かけの上の違いが通用しなくなった今、環境問題は、人間が作り上げてきたところの近代社会のきしみを示しているだろう。とすれば、そのような社会のなかで築き上げられてきた教育システムそのものもまた、問われねばならないだろう。さしあたっては、まず、あらゆるものから自由な思考が求められるだろう。

「教育」と「環境」の未来をどのように描けば良いのか、簡単に答えはでそうにもない。が、まず、一人一人が、自分の目で見、耳で聞き、頭で考え、自分の肉声を発することから始めねばならないだろう。

その場合、排除の論理ではなく、個人のレベルでは、謙虚さと寛容が、システムのレベルでは自由度が必須のものとなろう。

少なくとも「危険！」などということばの飛び交わない、みずみずしい感性のもとで、環境と教育のあり方を考え、議論したい。また、ファションがファショに転化しない教育や社会システムのあり方も追及していきたい。それには、議論も口角泡を飛ばさず、肩の力を抜いてやりたいものだ。

人間は弱い存在だ。既得権や利害には弱いし、現在の生活習慣もそう簡単には変えられない。だからこそ、自分のなかの卑小さとの葛藤がなければ、どんなりっぱなスローガンも空虚なもので終ってしまう。その意味で教育と環境はまさに人間の問題といえよう。

## 註

1) 岐阜大学教育学部における人権を考える教育の実践記録『修羅』（授業《ことばと人間》通信）一九九一年、一九九二年

2) 杉原利治『コンピュータによる生活教育　一物財の消費過程におけるシミュレーションの意味』岐阜大学教育学部研究報告（自然科学）一四巻、一一一―一一九頁、一九九〇年

3) 杉原利治『国家から家庭へ―大熊信行博士の家政観の成立―』岐阜大学教育学部研究報告（人文科学）三三巻、七八―八八頁、一九八五年

4) 杉原利治他『コンピュータによる生活教育　三　中学校被服領域への応用』岐阜大学教育学部研究報告（自然科学）一八巻一号、一五―二〇頁、一九九三年

# 第9章　アーミッシュの世界——もうひとつのライフスタイル

## 1．アーミッシュとは何者か

アーミッシュとは、アメリカ国内で、近代文明を拒否したライフスタイルを二〇〇年以上も続けている人々である。アーミッシュは、キリスト教、プロテスタントの小会派である。彼らは、強い宗教的信念の下、独自の生活世界を形成し、それを守り続けてきた。アーミッシュについては、最近、日本でも関心がもたれはじめている。映画『目撃者／刑事ジョン・ブック』では、美しいアーミッシュの農場が舞台となった。また、パッチワークの好きな女性には、アーミッシュ・キルトはあこがれである。なぜ、彼らが独特のライフスタイルを続けてきたかについては、成書を参照されたい（D．B．クレイビル、杉原利治・大藪千穂訳『アーミッシュの謎』論創社、一九九六年）。

アーミッシュを知るためには、歴史をさかのぼらねばならない。一五二五年、プロテスタント改革から、アナバプティスト（再洗礼派）とよばれる宗派が発生した。異端として、しばしば激しい迫害を受けた彼らは、山岳地帯へ逃れねばならなかった。そして、アルザス地方へ移住したアナバプティストのなかから、一六九三年、指導者ジェイコブ・アマンに率いられた一派が分離した。それがアーミッシュである。一方、それ以外のスイス・アナバプティストは、メノ・シモンズに率いられるようになり、この派は、メノナイトと呼ばれた。以来、アーミッシュとメノナイトは、よく似た途をたどってきている。

一七〇〇年代、アルザスがフランスに統合されるにあたって、アーミッシュの人々は、各地へ逃れたが、約三〇〇人の人たちは、新天地を求めて、アメリカへわたった。これが、今日のアーミッシュのルーツ、すなわち、ペンシルヴェニア・アーミッシュの始まりである。

彼らをアメリカへ招いたのは、自由憲章の起草者ウイリアム・ペンであるといわれている（この説に異議をとなえる学者もいる）。ペンは、移住した人々が経済的に成功するためには、農業を生活の糧にすべきだと考え、すぐれた農夫であったアーミッシュの人々に、自分の土地をわけあたえた。ペンシルヴェニアの地は、アーミッシュの人々にとって、新大陸の拠点となったのである。

さらに、フランス革命、ナポレオン戦争、そしてプロシア帝国の成立という激変の中で、ドイツにいたアーミッシュは、徴兵制度や偏狭なナショナリズムから逃れ、続々とアメリカ大陸へわたってきた。その数は、一八六〇年までに三〇〇〇人に達したという。

その後、アーミッシュは、北アメリカ大陸で繁栄してきた。現在、オハイオ州、ペンシルヴェニア州、インディアナ州など二七州とカナダのオンタリオ州に、一二万人（一五万人以上という説もある）以上のアーミッシュの人々が生活している。そのうち、オハイオ州が五・六万人でもっとも多く、ペンシルヴェニア州のランカスター地方には、一・四〜一・六万人が住んでいるといわれている。なお、ヨーロッパでの彼らは、その後、アイデンティティを失い、現在、彼の地に、アーミッシュの姿をみることはできない。

## 2. アーミッシュの風景

自動車をもたない、運転しない。電気や電話をひかない。電気冷蔵庫、電気洗濯機などをもたない。八年制の学校教育。そして、日が昇ってからしずむまでの農耕生活。

このような生活が、現代のアメリカで営まれている。彼らは、砂漠のまん中や、ロッキーの険しい山中に住んでいるのではない。ランカスター・アーミッシュについていえば、フィラデルフィアから車で約一時間、ニューヨークからは三時間ほどの田園地帯に、一般のアメリカ人と混住している。広大なアメリカ大陸からすれば、大西洋岸のこの地方は、ずいぶんとひらけた土地である。道路を、車がビュンビュンと走る。このような場所で、三〇〇年来のライフスタイルをまもっているのである。

アーミッシュを特徴づけるものは多い。なかでも、バギーとよばれる馬車と大きな納屋と風車をそなえた白い家、そして農場が、アーミッシュ・カントリーの景色をつくりだしている。

バギーはしゃれた馬車だ。車体が箱型のファミリー・バギーやワゴン、オープンカースタイルのコーティング・バギーなど、種類もいろいろある。バギーには、ライト、方向指示器、警笛もついている。これらは、バッテリーによって作動する。家庭でも、バッテリーからの電気は利用されている。後部には、夜間、自動車の追突を避けるため、三角形の赤い反射板がついている。バギーを引っ張るのは、退役した競走馬だ。競走馬はスタイルがよく、ダンディなアーミッシュのお気に入りである。馬が一〇〇〇～三〇〇〇ドル、バギーが三〇〇〇ドルほどだ。バギーを所有することが、一人前の青年のあかしでもある。若者のデートもバギー・カーで、また、若者特有の、少々はめをはずした暴走も、バギー・カーでなされる。

アーミッシュの人々は、近くなら徒歩、遠くへはバギーで移動する。自転車は、普通、許可されない。子どもたち、そしてときには大人も、足でけって進むスクーターをつかう。

アーミッシュの光景でもう一つ特徴的なのは、風車や水車の利用である。家屋から遠く離れた、下方にある小川の流れを利用して、水車を回す。水車の回転は、ワイヤーをひっぱる力にかえられ、本家屋内の水汲みポンプを動かす。小川から家屋まで張られたワイヤーは、ときに二キロメートルの長さにも達する。このポンプが、井戸から、二階にあるタンクへ水を汲み上げる。タンクに貯えられた水は、重力によって、階下や納屋に供給される。タンクからあふれた水は井戸へもどる。そのため、タンク内の水はいつも新鮮に保たれているし、冬でも凍らない。

風車も、水車と同じ目的で使われる。水車とは別の井戸から、別のポンプで、別のタンクに水を貯える。このタンクはタワー状の大きなもので、かなり遠くまで水を供給できる。これらの水車や風車も、最近は次第にエンジンポンプにとってかわられつつある。新しく建てられたアーミッシュの家には、風車を備えていないものもある。生活は少しずつ変化している。

農耕は、馬と人力によるが、トラクターやチーズ製造には、ガソリンエンジンやディーゼルエンジンが使われる。ただし、トラクターは、サイロへの干し草の吹き上げなど、納屋周辺の仕事にだけ使われ、畑での使用は禁止されている。また、トラクターには、ゴムのタイヤをはめてはいけない。

### 3. アーミッシュの日常生活

アーミッシュは、純朴で、信仰心のあつい篤農家である。いまでは、四〇種以上の職業につくようになったが、それでも農業が生活の中心だ。一家は、日が昇ってから日が沈むまで、大地の上で働く。農耕の動力は馬だ。馬は、土地をまぐわしたりするだけでなく、干し草結束機などアーミッシュが工夫したり、改良した多くの農機具を畑の上でひっぱる。馬は、トラクターの役割りをこなすのである。タバコ、とうもろこし、マッシュルーム、牛乳が主な生産物だ。農業についての知識の深さと熱意は、彼らの土地を、アメリカ全土で一番肥沃な農地に育て上げた。一〇年ほど前、アメリカの農地の多くが、豪雨による表土流出で深刻な事態となった時でも、アーミッシュの農地だけは、作物をたわわに実らせていた。

家の中は簡素で、贅沢品はない。アメリカでは必需品のカーテンでさえ贅沢品とされ、ブラインドだけですます。室内の色は、ブルー系統の自然色である。また彼らは、写真をひどく嫌う。写真によって、自分（人間）を対象化することをいさぎよしとしないからだ。同じ理由で鏡もおかない。かわりに、家系図が壁を飾っている。

台所が家庭の中心で、一番大きな部屋だ。リビングルームを兼ねたこの部屋で、ランタンの明かりの下、父親を囲んで食事時の団らんがもたれる。母親は、食品を瓶詰めにして、保存する。以前は、隣の（といってもかなり距離があるが）、アメリカ人農家の冷蔵庫をかりて、生鮮食品を保存していたが、最近はガスでうごく冷蔵庫がアーミッシュ家庭に普及してきた。

女性は、大変な働き者だ。家庭の中心をになう。ミシンを踏んで、家族の縫い物を全部こなす。女性の服装の色は、ブルー、緑、ラベンダー、紫、そして白が主だ。模様やストライプははいらない。女性の日常着は、色付きのドレス、白のケープとエプロン。結婚した女性は、黒か色付きのエプロンをする。教会へ行くときは、黒のケープとエプロンをまとう。未婚の女性は白だ。女性のあいだに、ファッションの競争はない。衣服のスタイルや色に大きな違いがないからだ。同じことは、バギーのスタイルや色についてもいえる。髪を切ることは恥とされているので、女性は、うまれてからずっと髪を伸ばしている。長い髪を上でまとめて、帽子でおおう。女性の靴下は黒色だ。子供服を除いて、ボタンはない。

男性は白のシャツ、黒のつりズボン、黒の帽子が基本スタイルだ。帽子には、夏用と冬用とがある。農場での作業には、色付きのシャツを着る。男性は結婚したら髭を剃らない。だから、成人男子は皆、立派なあごひげをはやしていて、とてもダンディだ。しかし、鼻ひげは、迫害を加えた兵隊の象徴なので、禁止されている。

男性も女性も、服装や髪型など、外観によって、年齢や既婚未婚の別がわかる。青年の丸い帽子が平べったいものに変わったら、また、少女が、白や黒のドレスの上に、白くて長いエプロンを着はじめたら、それは恋人募集の意思表示となる。

アーミッシュは、彼らだけの学校を設立し、運営している。学校は八年まで。生徒の数が少ないので、一～八年生までがひとつの教室で学ぶ超複式学級である。八年間の教育を終えたら、家で農作業に従事する。このような学校は、一六才までの義務教育を定めたアメリカ合衆国の法律に違反している。そのため、政府との間でさまざまなトラブルが発生した。しかし、一九七二年に、アメリカ政府もアーミッシュの学校を正式なものとして認可した。

教会活動は、アーミッシュにとって、非常に重要である。日曜日には、家族全員で教会へ行く。教会といっても、決まった建物があるわけではない。地区内の家がまわりもちで、教会の役目を果たす。教会の建物をもたないのは、迫害によって、洞窟や秘密の場所で、夜に祈りをせねばならなかったという歴史的事実と、教会の権威を彼らが好まないことによる。二〇～二五家族が集まって、ひとつの共同体を形成する。彼らの生活は家族とこの共同体を単位としている。共同体ごとに祈りの集まりをもつ。これが彼らの教会である。各家は、ほぼ一年に一回、教会サービスのための集会場となる。多くの人が集まるので、彼らの家はかなり大きい。集会（教会）は、二週間に一度もたれる。他の日曜日は、フレンドシップ・サンデーとよばれ、友人をたずねたり、休息したりする日となる。

## 4. アーミッシュを支える家庭と共同体

アーミッシュの人々の生活は、家族全員が行う農作業を軸にしている。広大な農地の上で、黙々と働く父親、母親、そして子供達の姿は感動的である。父親は権力者であり、責任者である。

一家の中心となって、家庭を管理する。母親は、育児、農作業、家事をこなす。子供達は両親を敬う。両親が年老いたら、子供達がめんどうをみる。数世帯の家族の家がかたまって建っている光景も珍しくはない。

子供が成人して独立すれば、親は土地を分け与える（買い与える）。農家としてやっていくのに必要な五〇〜一〇〇エーカーの広さの土地だ。

適齢期（二二〜二五歳）になると、アーミッシュの男女は結婚する。青年は、歌の会などの若者の集まりに参加して、相手を見つける。一二月の火曜日か木曜日に、結婚式が挙げられる。成人一〇人のうち九人までが結婚する。結婚はアーミッシュ教会に参加する人同士でなされる。離婚はタブーである。離婚した場合は、自動的にコミュニティから追放となる。ただし、伴侶と死別した場合は、再婚が認められる。

四五歳までに、女性は平均七・一一人の子供を産む。高かった幼児死亡率は、近代医学の利用によって次第に低下し、通常六〜八人、多い家庭では一三人もの子供（一家族当たり、平均六・六人）がいる。宗教上の理由で産児制限をしないからだ。

結婚式は、農作業が一段落する一〇月末から一二月中旬に集中する。結婚式は簡素だ。エンゲージリングやウェディングケーキはない。花嫁の家に人々が集まり、二人を祝福する。母親は、人々に、料理や皿洗いを頼む。多くの人々が協力するので、宴の昼食にあずかる人は四〇〇人にも達する。人々の歌や踊り、そして贈り物のかわりに人々が持ち寄ったデザートやスナックで宴は盛り上がる。花嫁と花婿は、人々が持ち寄った食べ物を受け取って、他の人たちにすすめてまわる。派手なものは何一つないが、心のこもった時間がながれる。

葬式は家で行われる。家族は死者を真っ白な衣服で包む。女性は結婚式に着たケープとエプロンをまとう。馬とバギー、そして親戚や友人、家族の長い行列が墓へと向かう。死者は、アーミッシュの墓地に埋葬される。一族は、年に数回集まり、墓の清掃をする。

このように、アーミッシュの家族の絆はつよい。親の意見は尊重され、子供は親を助ける。また、子供も家族の重要な一員として扱われ、老人はみなから尊敬される。親が死んだら、子供（青年）は、地区の長老や監督に、ものごとを相談し、指示をあおぐ。

家庭とならんで重要なのは、地域共同体である。二〇～二五家族からなる共同体が、アーミッシュの社会をつくりだしている。各家庭でまわりもちでもたれる教会活動以外にも、地域共同体のはたす役割りは多い。

納屋の建設は大変な作業だ。子供が独立し納屋を建てるときや、火事で焼失したときには、地区の人たちが総出で、巨大な納屋を建てる。大工、左官、屋根葺き、全部の仕事を無料でこなす。建設作業は男たちの仕事なので、女たちは食事の用意をする。このとき、ワイワイ、ガヤガヤやりながら、キルトをつくったりもする。パッチワークは布の再利用も兼ねながら、女性達にコミュニケーションの場を提供するのだ。

彼らは、アメリカ合衆国に税金を払っている。自分たちの学校を設立し、運営しているが、公立学校のための学校税もはらっている。また、ソーシャルセキュリティ（一種の社会保険）をはらうが、年をとってから、その恩恵（厚生年金のようなもの）を絶対に受けない。老人は、彼らの家庭と共同体が最後までめんどうをみる。アメリカ合衆国の税金以外に、アーミッシュは、共同体へも、年二回、お金をおさめる。これは、地区の基金として、共同体の運営を円滑にするために使われる。たとえば、独立する息子に親は土地を買い与えなければならないが、十分な貯えがない場合、地区の基金からお金を借りて土地を購入する。

アーミッシュ社会はこのように、共同体の相互扶助によって支えられている。

## 5. アーミッシュの光と影

アーミッシュの人々の独特のライフスタイルは、家族の絆、共同体内での相互扶助、そして強い宗教的信念によって保たれている。しかし、近代社会の利便性、享楽への誘惑に惑わされずに自分のみちを歩むのは、なまやさしいことではない。実際、いくつかの問題も生じている。

まず、生活の基盤である農業だ。農業をするには広い土地がいる。広大なアメリカでは、土地は安かった。しかし、アーミッシュ・カントリーとよばれるランカスター地方も、住宅地、工場用地として、開発の波がおしよせてきている。新しい人々が住むようになって、土地の価格が上昇した。アーミッシュは子だくさんである。多くの子供たちに、土地を買い与えるのは親の義務だ。一エーカーあたり五〇〇〇ドル以上もする農地を、何人もの男子に買い与えねばならない。農場に必要な五〇エーカーの土地を購入するとなると、日本円で五〇〇〇万円以上かかる。そこで、ペンシルヴェニアを出て、土地の安いオハイオ州などの内陸部へ移住するアーミッシュの人々が増えている。また、土地をもたずに、アーミッシュ以外の農家で働く人もあらわれてきた。

アーミッシュの青年にとって、外の世界の物財への誘惑は、なかなかに断ちがたい。特に、広大なアメリカで、自動車のもつ意味は大きい。以前、自動車の所有は許されなかったが、現在では、何人かの青年が共同で車を買い、非アーミッシュの知人の家へあずけておく例も珍しくない。彼らは、まだ洗礼を受けていないので、自動車の所有は黙認されている。しかし、洗礼（再洗礼）をうけ、一人前のアーミッシュとして生きていくには、自動車を放棄せねばならない。

アーミッシュは、再洗礼派であるから、青年期に、自分の意思で洗礼をうける。洗礼を受けアーミッシュの教会に参加することは、その後アーミッシュとしてのライフスタイルを遵守する意思表示でもある。アーミッシュとしての生活を好まない青年は、再洗礼をうけない。その割合は、多いときには二〇％に達する。しかし、家族と暮らし、家族の一員として働き、八年制の学校を卒業した青年が、外の世界（一般のアメリカ社会）へ出ていっても、結局、自らのアイデンティティをみつけられないまま、アメリカ社会からもドロップアウトしてしまうことになりかねない。

一方、洗礼を受けた後で、アーミッシュとしての規律を破った人に対しては、シャニングとよばれる制裁がなされる。シャニングは、一種の社会的忌避制度だ。それは、家族、そして共同体からの追放を意味している。この場合も、アーミッシュの世界からはなれて、新しい生活を始めるのは困難である。

また、アーミッシュの人たちは、アーミッシュの人たち同士でしか結婚しない。何世代にもわたって、近縁の人たちの間で結婚をくり返してきたことによる遺伝学上の問題も出始めている。

## 6. ライフスタイルと情報

アーミッシュの人々の暮らしぶりは、アメリカでも注目をあつめている。もちろんそれは、資源・環境問題を深刻化させてしまったことへの反省からである。近代社会は、工業化による生産力の増強が、消費を加速させ、その結果生活が向上するという図式を絶対的なものとしてきた。そして、生産と消費の増大によってしか維持されないようなシステムをつくりあげた。これが、欧米の、そして日本の行き着いた先である。それは一九世紀の石炭、二〇世紀の石油による、二つの産業革命の完成を意味している。かつての社会主義国やいわゆる発展途上国も、ほぼ同じレールの上を、少しだけ遅れて走っている。

だがこの図式は、資源の無限性を前提にし、人間活動による環境負荷を無視してつくりあげられている。いま、そのつけがまわってきていることは誰の目にも明らかだ。さらに、資源・環境問題が顕在化するのと軌を一にして、家族や地域共同体は脆弱となった。その結果、ひとりひとりの人間は、はだかに近いかたちで、強大な社会と向かい合わざるをえない。このようななかで、アーミッシュの人々の暮らしぶりが新鮮に見えるのは当然かもしれない。

アーミッシュは、非常にゆっくりと近代化をすすめている。新しい物財が自分たちのアイデンティティを損なってしまわないかを、慎重に見極めながら近代化をすすめているのだ。その結果、彼らは近代の陥穽から免れてきた。彼らのことばにならうならば、世俗的欲望を断つことにより、自然に即したライフスタイルを守ってきたのである。彼らのライフスタイルは、親から子へと口づたえに伝承される規範集（オルドヌング）によって規定されている。オルドヌングは、衣服のかたちや色、女性の髪型、教会での結婚などを規定している。また、自動車の所有、畑でのトラクターの使用、飛行機の利用、電線、電話を引くこと、高等教育などを禁止している。オルドヌングは、共同体ごとに異なっているし、共同体メンバーによって、少しずつ修正される。いずれにしろ、このような厳しいライフスタイルが維持されてきたのは、家族や共同体の生活のなかで、アーミッシュとしてのアイデンティティが得られるからである。

ライフスタイルとは、本質的には個人に属するものである。それは、個人の内部に形成された「世界」が、暮らし方のかたちで表出したものだ。この内なる「世界」の形成に、情報は決定的な役割りをもつ。アーミッシュの場合、家族や共同体での生活、そして八年制の学校において提供される情報が、彼らの「世界」の形成に大きな役割りを果たしている。しかし彼らは、外の世界との接触や外からの情報を制限している。自動車や電気、電話に関する制限や禁止は、彼らが得る情報を大きく制限している。したがって、アーミッシュの人々が豊かな「世界」をもっていることは確かだが、その「世界」の大きさと質は限定されたものといわざるをえない。彼らは、限定された「世界」の枠のなかで、その「世界」から得られる情報によって自分を築き、成人時に、自分の意思で、ライフスタイルを選びとるのだ。

では、外の世界の人間のライフスタイルは、何によって決定されているのだろうか。毎日、メディアからは、莫大な情報が絶え間なくおくり続けられる。現代人は、これらの情報によってつくられた社会のなかで、自由に行動し、自分の意思によってライフスタイルを選択しているかのような錯覚に陥っている。消費者は、情報が設定した舞台の上で踊る裸の王様にしかすぎない。

高度情報化社会といわれる外の世界の情報の多くは、このような役割りしかはたしていないのだ。また、あり余るほどの情報を得ながらも、外の世界の人間が、その内に築いている「世界」の方が、アーミッシュの人々のそれよりも、大きく豊かであるとは決していえないだろう。

アーミッシュは、外の世界の人間が、便利さや物質的豊かさへの代償として売り渡してきた多くのことがら、たとえば、美意識、内面の豊かさ、親密な人と人との関係、そして、ゆっくりとした時間意識、を温存してきた。親密な人間関係は、コミュニケーションによって築かれる。電話などのメディアは、大変便利で、すばやい情報のやりとりが可能であるにもかかわらず、彼らはそれに依存しない。あくまで、身振りや声のトーン、顔の表情など、全ての情報を直接交換して、互いの内的世界を理解しようとするのである。

彼らのモノトーンの衣服は、驚くほど美しい。簡素な生活と美意識とは相反しないのだ。それが彼らの生活文化となってあらわれている。彼らの社会には、高度な専門家はいない。一人一人が、生活者であると同時に芸術家である。仕事は労働にまで分化されず、遊びも仕事も近いところにある。アーミッシュは、限定された枠のなかではあるが、ゆっくりと、美しく、豊かに生きることのできるもう一つの生活世界の可能性を例示しているといえよう。

このようにみてくると、エネルギーの消費速度を増大させないライフスタイルの獲得と、個人を暖かく包み込みはするが、強制はしない、緩やかで親密な人間組織の探求とが、脱西欧化、すなわち脱近代化の方向として考えられるだろう。それは、近代社会が包摂し得なかった、もう一つの生活世界の構築を意味している。

大きな自由度のもとで、十分な情報を取り入れて、個々人の内に豊かな「世界」を築き、自己実現をはかっていくこと。行動と選択の自由度や情報の制限なしに、そして、宗教的な信念を必ずしも必要とせずに、もう一つの生活世界をどのように築いていくかが、二一世紀へむかう外の世界の人間にとって最大の課題となるだろう。その時、情報はまぎれもなく、その成否を左右するキーワードとなるに違いない。

# III

# 持続可能な社会の論理

## ――人間が持続可能な社会を築く

# 第10章　人間社会システムの持続可能性——情報・環境・ライフスタイル

今日の社会は、大きな変貌を遂げた。それは、一九世紀の石炭、二〇世紀の石油という二つの産業革命を経て、人類がかつてないほどの物質的な豊かさを得たことによる。しかし、一方では、資源・環境問題や民族問題、地域紛争など、様々な問題が深刻化し、人類の存続さえ危ぶまれている。そんな中で、一九七二年のローマクラブの報告[1]以来、資源の有効利用や環境問題の解決のための方法が模索されてきた。また、新しい社会システムへの転換がうたわれ、持続可能な社会に関する議論がなされている。そして、アジェンダ21[2]を契機として、「持続可能性」は、時代の流行語となるほど一般化した。しかし、社会が持続可能であるとはどういうことか、そのためには何が必要かなど、持続可能性を根本的に論じたものは極めて少ない[3]。

このような中、資源問題、環境問題をはじめとする諸課題を解決し、持続可能な社会を展望するためには、人間社会システムの考え方[4]が有効であると考える。また、情報化は、わたしたちのライフスタイルのありかた、ひいては、今後の社会システムの行方を大きく左右するだろう。そこで、人間社会システムの中に、情報、環境、そしてライフスタイルを位置づけ、社会システム

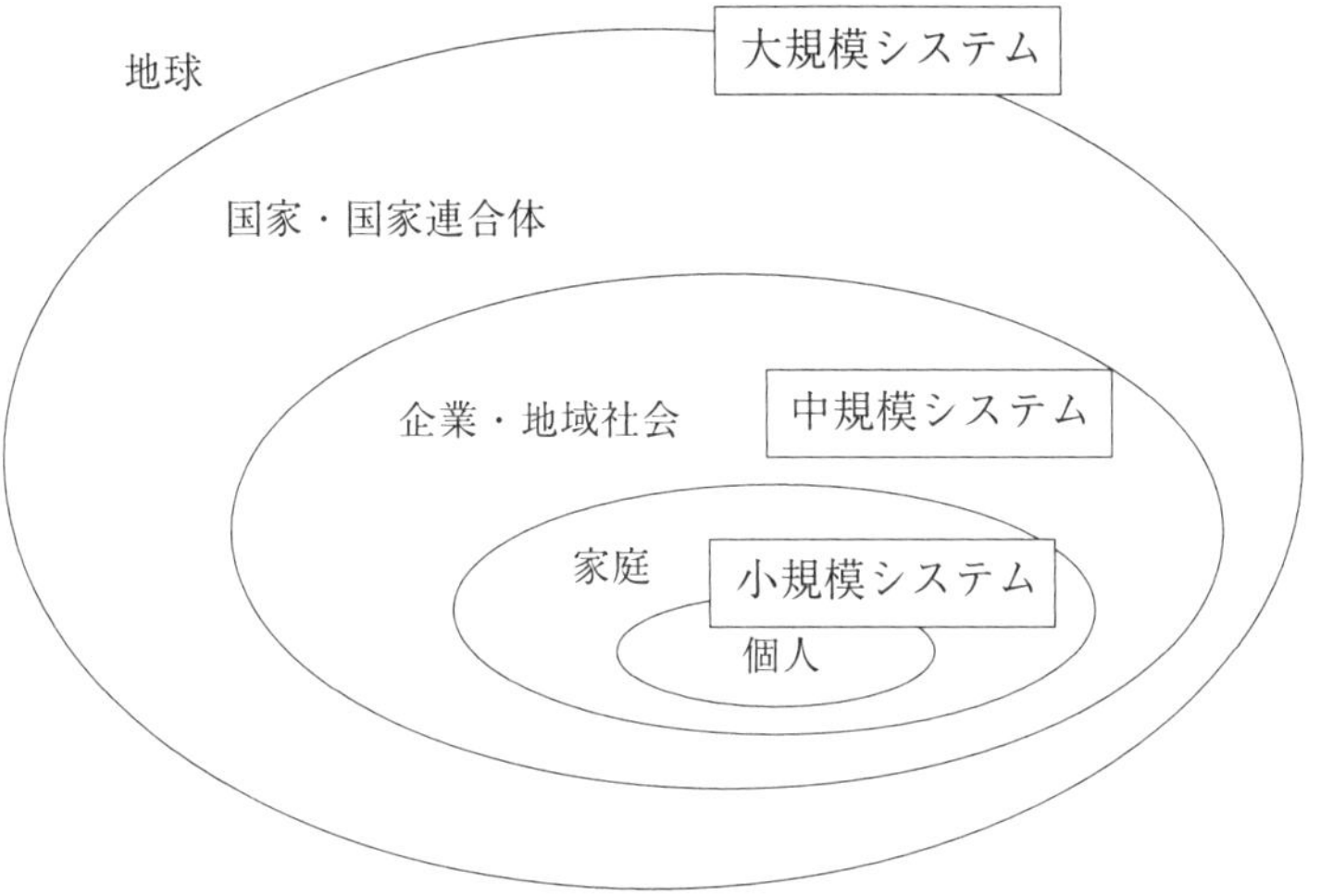


図1　人間社会システム

の持続可能性を考えてみたい。

## 1. 人間社会システム

システム[5]は、「多くの要素が互いに関係しあいながら、全体としてある有機的なまとまりをもち、機能するもの」と定義される。システムは、境界によって外界と隔てられる。このときの外界を、環境と呼ぶ。物理学的には、任意の位置に境界を引くことができる。現実には、システムと環境との間に、ある空間的境界が存在する。たとえば、一個のエンジンから、各種の機械が動く工場など、様々なシステムを設定することができる。一方、人間の社会[6]も、様々なシステムの集合体と考えることができる。個人、家庭、企業、地域社会、自治体、国家、国家連合体、地球などである。人間社会システムの境界は、物理的、空間的な要素の他、経済・社会的、文化的な要素も加わって決定される。システムの大きさについても、個人、家庭などの小規模システムから、地域社会や企業などの中規模システム、国や国家連合体、地球などの大規模システムまで様々である。あるシステムは、より大きなシステムに包含され、そのシステムを構成する要素となる（図1）。

システムの特徴とは何であろうか。ガソリンエンジンと人間の体（個人というシステム）を比較してみよう。前者は、外部からガソリンと空気をシステム内に導入し、爆発時の体積膨張から仕事を取り出して、動力に転換するシステムである。その時、排気ガス（二酸化炭素、窒素酸化物など）が生じる。また、燃焼や各部分の摩擦によって熱も生ずる。これらの不要物は、必ず系外（環境）へ排出しなければならない。そうでなければ、エンジンは動きつづけることはできない。

一方、人間も同じように、食物、水、酸素をとりいれ、不要物（排泄物、二酸化炭素など）と熱を排出する。この場合も、老廃物が滞ったりすれば、深刻な事態となる。熱については、平熱から二度高くなれば、もはや正常な活動はできない。人間は、非常にデリケートな熱機関（第3章）なのだ。

いずれのシステムも単独では存在し得ない。システムがある期間存続するためには、必要なモノを取得すると同時に、不要なモノを排出する環境が必要である。このことは、すべてのシステムに共通である。

しかし、人間とエンジンとでは大きな違いがある。前者を生きた系、後者を生きていない系とよぼう。エンジンと人間を比較した場合、後者には自己維持のための機構が備わっている。ガソリンが切れたときにそれを感知し、補給することは、エンジン自身ではできない。また、外気温に応じて放出熱量をコントロールすることもできない。

一方、人間は、自分で自分をコントロールする。皮膚で外界（環境）の情報、すなわち気温や風速などをキャッチし、脳へ伝え、脳は環境に応じた行動をとるように、身体の各部に命令する。その結果、寒いときには自然に体をまるめ、皮膚の表面積を小さくして、放熱量を抑制する。また、皮膚には鳥肌が立ち、逆立てた毛で厚い空気層を確保しようとする。これらは、動物としての人間に備わった熱コントロール機構である。もちろん、私たちは現在、衣服によって、放出する熱量を調節している。外界の変化に適応できるよう、意識的にコントロールを行っているのだ。このように、人間は、環境から情報を取り入れ、処理し、判断・評価してシステムを動かしている。すなわち、人間は、情報を基にして、自己維持のためのコントロールを意識的、無意識的に行っている。生きている系とは、環境から情報を取り入れて代謝を行う自律系なのである。このように、情報を基にして、自己の活動をコントロールできるか否かが、生きている系と無機的な系との違いである。人間が集まって形成される様々な社会システムも、同様に生きた系といえる。

## 2. システムの存続条件

人間社会システムは様々なシステムによって構成されている。これらのシステムに対して、共通する特徴を三つあげることができる。

まず、それぞれのシステムは、環境からエネルギーやモノを取り入れ、環境へ排出している。このようなシステムの能動作用（代謝）は、システムが存続するための最も基本的な要件である。従来、人間社会システムへは、良い物財を、安価に取り入れることが、合理的とされてきた。たとえば、家庭には、毎日の食材として、栄養価の高いモノ、新鮮なモノが、導入される。しかし、それだけでは、家庭生活や家庭を取り巻く社会はうまく機能しない。調理くずもでるし、食べ残しは、そのままゴミになる。ゴミはただの不要物ではない。処理に多くの費用がかかる。処分場も一杯だ。燃やせばゴミの容積は減るが、ダイオキシンや有毒ガスが発生する。このように、物財やサービスの入手だけでなく、使用や廃棄の過程も含めて、モノやエネルギーの消費を考えねばならない。家庭というシステムをとれば、物財やサービスの入手、使用、廃棄の全過程が、代謝に相当する。システムが代謝を行うためには、これらの過程がすべて円滑になされる必要がある。

システムの二つ目の特徴は相互作用である。個人と個人、個人と家庭、家庭と家庭、家庭と地域社会、個人と国家、国家と国家など、多種多様なシステムが相互に関係しあいながら、我々の生活世界をつくりあげている。人間社会システムは多くの関係性によってつくりあげられた多様性を、その存在の前提としている。このことは、生態学の基本的な考え方から容易に理解できよう。たとえば、人間は、人間だけでは決して生きられない。他の動物や植物、バクテリア、そしておそらくウィルスまでもが共存して、始めて、人間というシステムが存続可能である。[7] 同様に、ある社会システムは、単独で存続することはできない。同種の、そして異種の社会システムが多数存在しないと、それ自身の存在もあり得ないのだ。

第三の特徴は自律性である。環境から情報を取り入れ、体温調節を行うのは、人間の基本的な機能である。このような自己調節機能によって、システムは、環境の小さな変化に対応した自己維持を日常的に行っている。これは、絶え間なく起こるシステム内部、あるいは、外部の変化に対応して、自分自身を微細に調整し、適応させる機能である。日常的なシステムの代謝は、この自己調節機能によってコントロールされている。

一方、もう一つの自律性として、自己組織性[8]があげられる。自己組織性については、いくつかの考え方があるが、ここでは、自己組織性を広義の自律性のひとつと考えよう。システムはたえず外部世界と相互作用をしているが、その結果、システムに負荷される摂動に対して、システムの秩序を自己の内部に、自らつくりださねばならない。これが自己組織性によるシステムの維持である。日常的な小さな変動に対する代謝調節機能（自己維持[9]）に対して、自己組織性は、より大きな変動に対するシステムの対応機構といえよう。いずれにしても、自己調節機能と自己組織性により、システムの内部やシステム間では、調整、協力、共同がなされ、高度の組織性が保たれている。

以上の三条件（代謝、多様性、自律性）は、システムが持続する（ある期間存続する）ための必要条件であり、十分条件ではない。また、三つの条件は、お互いに独立であるとは限らない。多くの場合、三者は関係し合っている。食物連鎖にみられるように、あるシステムの生産物や排出物を他のシステムが利用するので、代謝は、システムの多様性によって成り立っている。また、円滑な代謝には、自己調節機能が必須である。にもかかわらず、持続可能な社会を考える場合、これらの三条件を手がかりにすることは有効である。

なお、人間社会システムは、情報によってコントロールされている。システムは、環境との間で、モノとエネルギーの他に、情報のやりとりも行う。しかしここでは、情報を代謝物として扱うのではなく、システムが存続するための三条件（代謝、多様性、自律性）をコントロールするもの、あるいはまた、三条件の充足度を測るための指標と考える。

## 3. 環境、情報、ライフスタイル

システムを取り巻く外界、すなわち環境は、人間社会システムを論じるとき、第一に重要なキーワードである。なぜなら、システムと環境との相互作用を考えた場合、環境は、人間社会システムにとって、①エネルギーやモノを取得する場、排出する場、②情報を取得する場、発信する場、という二つの意味を持っているからである。

第一から生ずる問題が、ふつうに環境問題と呼ばれるものである。環境問題とは、人間の生産活動と消費活動によって、システムから系外へ排出されるモノやエネルギーが、環境に負荷をあたえ、その負荷が、スピード、量において、自然界の物質循環によっては解消できないまでに、増大することを指している。しかし、環境問題の解決もまた、人間によって可能なはずである。なぜなら、資源、環境問題は、資源やエネルギーの消費のされ方の問題であり、それを決定するのは、人間と人間によって作られた各種の社会システムだからである。

人間の歴史は、エネルギーを投入して、原料・資源を、人間にとって、より価値の高い有用なモノに転換しようとする歴史であった。これを人為的に、大規模に行うのが工業生産である。近代の人間社会システムはそれを基盤にして発達してきた。この時、有用なモノばかりではなく、人間にとって、負の価値しか持たないモノも必ず産出される。これらの不要物は、系外（環境）へ捨て去らねばならない[10]。人間社会システムにおいては、人間の生産活動と消費活動のどちらにも不要物は発生し、環境はその捨て場なのである。そして、環境のキャパシティが大きければ大きいほど、システムは安定に存在しうる。環境のキャパシティとは、廃物、廃エネルギーも含めて、物質循環を成り立たせることのできる能力の大きさである。

槌田敦[11]は、物質循環の観点から、システムの持続可能性を述べている。彼によれば、システムがその活動を維持するためには、入力、出力、そして作動物質の循環が必要である。そして、自然と社会における物質循環、特に水と大気の循環が豊かに存在する限り、社会は持続可能である。

近代の産業社会は、資源・エネルギーを取り入れる場としての環境にのみ目を向けて、廃棄物の捨て場としての環境を無視してきた。そのつけが、環境問題として現れているのである。

環境のもう一つの意味は、情報ソースとしての環境である。人間は、あらゆる生き物の中で、環境から最も多くの情報を得る動物である。情報は人間にとって、三つの主要な機能をもつ（第6章）。第一に、情報は、人間の知覚によって感知され、認知、評価、判断、指令、規範の基準となり、意思決定、そして行動のよりどころとなる。第二に、情報は人間の内的世界を発達させる。第三に、情報は、人間の内的世界を交換し、理解すること（コミュニケーション）を可能になする。

個人としての人間だけでなく、社会システムにおける情報という観点から、情報の意味をみてみよう。システムも多くの意思決定を行っているので、社会システムにとっても情報は重要である。情報取得を経たシステムの意思決定によって、システム内外へモノやエネルギーが動かされる。したがって、物質循環のためにも、情報は必要である。また、システムは単独に存在するのではなく、多様なシステムが互いに関係し合っている。情報は、その関係をあらわす。また、情報は、システムの状態を他のシステムに伝えたり、システム間の理解や交流を促す。すなわち情報は、システム間の関係をつくり出してもいる。さらにまた情報は、システムが自律して機能する際に最も重要な要因となる。

もう一つの情報の重要な機能は、人間の内的世界の発達や形成である。

情報は人間（の脳）を発達させる。学習、教育、マスメディア、教養娯楽、人との対話や交流など様々な形態をとりながら、環境からの情報は、人間の五感を通して受信され、脳のニューロンのシナプス形成を促し、人間の内的世界をつくりだす（第6章）。社会システム自身には、人間のような内的世界の発達はない。しかし、人間が集まってできた社会システムは、内的世界の集合ともいえる。また、企業なら、内的世界の蓄積（マンパワー）に加えて、社風や経営方針、意思決定機構などが、人間の内的世界に相当するシステムの基盤を形成する。さらに、システムへの情報（データやノウハウ）の蓄積は、そのシステムの潜在的な力を高める。このような基盤をもとにして、システムは、意思決定し、実行し、結果を評価する（展開）。この展開はさらに、モノの創造、コト（関係性、文化）の創造へと発展する。

情報によるシステム間のコミュニケーションについては、後に詳しく述べる。

情報は、ライフスタイルの獲得に大きな役割を果たす。ライフスタイルとは、人間のうちに形成された世界（内的世界）が、外側（生活世界）へ表出されたものに他ならない。人間と環境との間でなされる情報のやりとりによって、ライフスタイル発現のための内的世界が築かれ、この内的世界が、人間の行動や生活様式を、あるパターンに保つのである。ライフスタイルの変更も、根本的には、この内的世界の変更、修正によってなされる。

一方、社会システムの多くもライフスタイルをもっている。すなわち、社会システムの基盤と取得された情報によって、あることがらが意思決定され、実行される（システムの展開）。その展開のされ方が、特有のパターンをとるのである。そして、個人と同様、家庭などの社会システムにとっても、ライフスタイルは重要である。なぜなら、ライフスタイルによって、社会システムが行う情報の処理の仕方やモノ・エネルギーの流れの大きさ、方向が規定されるからである。社会システムは人間の集合体であるので、システム自身の意思決定機構や情報の取得、蓄積、処理の仕方に加えて、構成メンバーの内的世界やライフスタイルが、社会システムのライフスタイル形成を大きく規定する。

また、情報は、システム間の関係を大きく左右する。

このように、ライフスタイル、環境、情報の三つは、人間社会システムの中で互いに密接に結びついている（図2）。今後の社会のあり方を考えるにあたっては、社会システムを、モノやエ

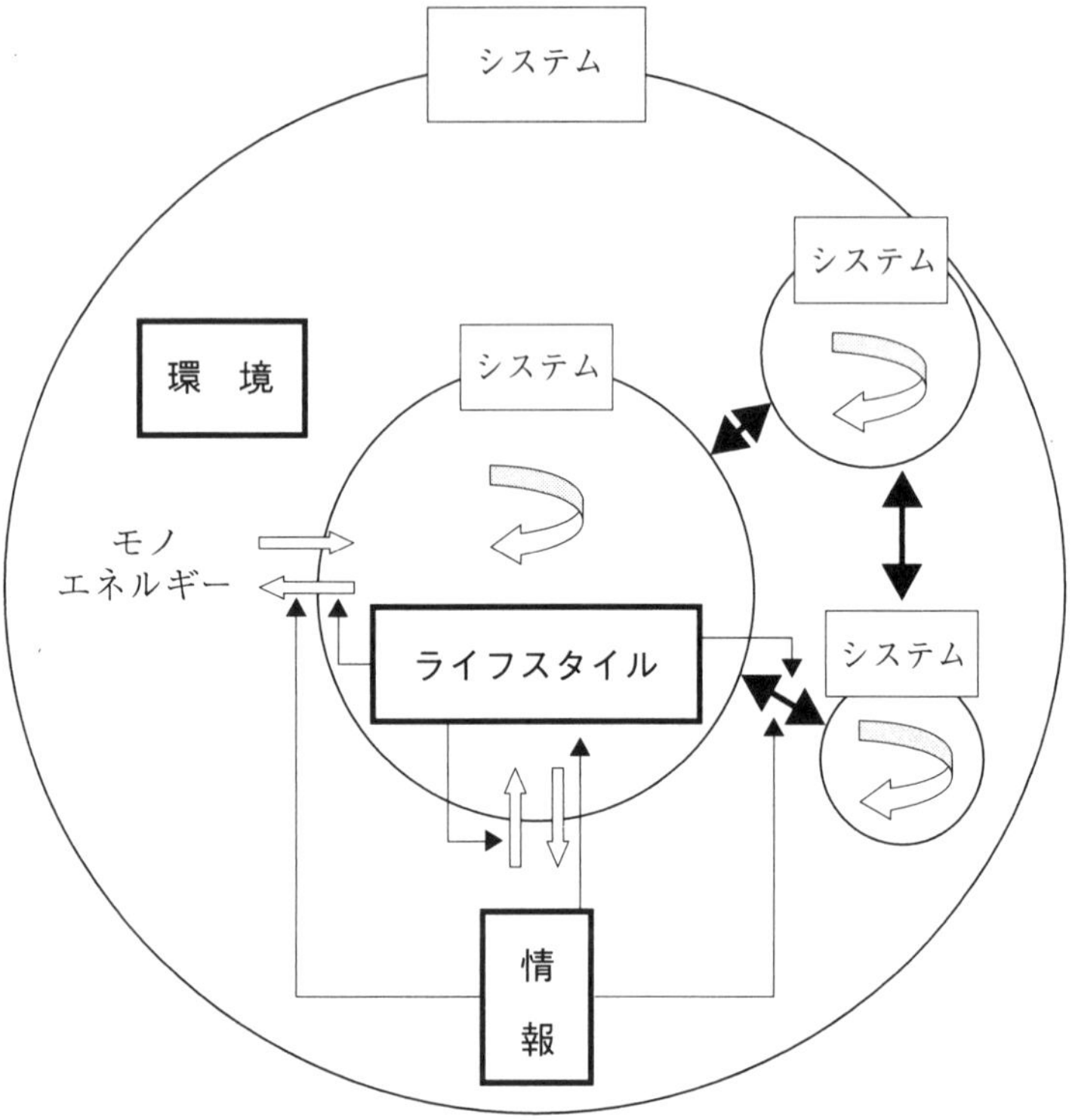


図２　人間社会システムと環境・情報・ライススタイル

ネルギーの面と、それを動かす情報の側面、そして、動かす方向を決める内的世界やライフスタイルの側面からとらえる必要がある。

## 4. 情報化と社会システム

前述のように、情報は人間にとって重要な意味を持っている。このとき、情報の価値が十分に発揮されねばならない。情報の価値は、①正確、②新鮮さ、③安価で自由なアクセスの三点である。

情報が正確であるという条件下で、できるだけ多くの情報を取得し、蓄積した時、情報は有用なものとなる。また、新鮮な情報をす早く受信し、発信しなければならない。他よりも早く情報を入手できれば、それだけシステムは優位に立てる。さらに、情報の安価で自由なアクセスは、送受信される情報量を著しく増加させる。

最近の急速な情報化のなかでも、インターネットは、大きな意味を持っている。なぜなら、インターネットは、これらの情報価値を容易に実現できるからである。冷戦の最中、軍事的要請からアメリカで誕生したインターネットが、冷戦構造の崩壊後、人間社会システムに大きな影響を及ぼし、世界を変えようとしている。

双方向コミュニケーションであるインターネットでは、音声以外に、文字、映像など多彩な形態の情報を、非常に安価に、す早くやりとりできる。また、個人が、世界中の不特定多数の人々に情報を提供することも可能である。このような特性によって、個人のような小規模システムが国家などの大規模システムと対等の立場に立つことができる。さらにインターネットは、個人や家庭など、小規模システムの選択肢を広げ、自由度を増し、認知、判断、評価、意思決定を容易にする。その結果、既存の組織の枠を越え、地球規模で個人が結びつき始めている。インターネット上では今後、無数の小さな社会システムが誕生し続けるだろう。

インターネットがつくりだす社会システムの大きな特徴は、それが必ずしも空間的なまとまりを必要としない点にある。インターネット上では、空間的、地理的境界の意味は薄れる。インターネットでの情報のやりとりにより、もはや旧来の物理的、空間的境界は存在せず、かわりに、時間を共有して得られる緩やかな共通感覚がシステムを成り立たせる。

したがって、人間社会システムにおいては、境界の問題のかわりに、時間の共有から価値観の共有へといたるコミュニケーションの問題が最も重要となるだろう。無数のネットワークがインターネット上で誕生したり、地球上の各地で民族問題や地域紛争が頻発していることは、小さなシステムの中で人々が密なコミュニケーションを求めている結果とも見なせるのである。しかしそれが空回りに終わったり、新たな紛争を生み出していることも事実である。

このように、複雑さを増す社会システムでは、システム間のコミュニケーションが非常に重要になる。インターネット上に誕生した新しい社会システムの重要な役割は、旧来の社会システムが行うモノやエネルギーの代謝を監視したり、各種システム間の関係を調整したりすることにある。一部のNPOは、そのような役割を果たしつつある。さらに、各種社会システム間のコミュニケーションを円滑に行うための情報(言語)も必要となる。

## 5. 言語としてのシステム指標

情報化が進み、社会システム間のコミュニケーションが強く求められているにもかかわらず、現在、各種の人間社会システムの間ではきしみが生じている。たとえば、国家はしばしば個人の前に立ちはだかる。二つのシステムをつなぐ共通の言語が欠落し、コミュニケーションが成立せず、健全な関係性が成り立っていないのである。このことは、個人と社会の関係として、ふるくから文学や哲学の主題となってきたものではあるが、大規模システムの力が強大な近代社会では、深刻さが増している。したがって、新しい社会システムを構想する場合、システム間のコミュニケーションの問題を避けては通れない。

指標は、本来、コミュニケーション言語の一つである。これまでにも、各種の社会指標が開発されてきた。しかし、それらのほとんどは、あるシステム（特に国家）の状態をあらわす指標でしかなかった。GDPをとってみても、個人や家庭の実感とはほど遠いし、それによって、個人、家庭と国家とを繋ぐこともできない。

そこで、各種のシステムを有機的につなぐ情報が必要となる。それが、持続可能なシステムが持つべき上述の三必要条件から導かれた三群のシステム指標[12)]である。

これらの指標は、それぞれのシステムの状態を表す指標（状態指標）、システムの自己調節度やシステム間の相互作用、すなわちシステム間の関係性を表す指標（関係指標）、そしてシステム間の調整度を示す指標（コントロール指標）からなる（図3）。

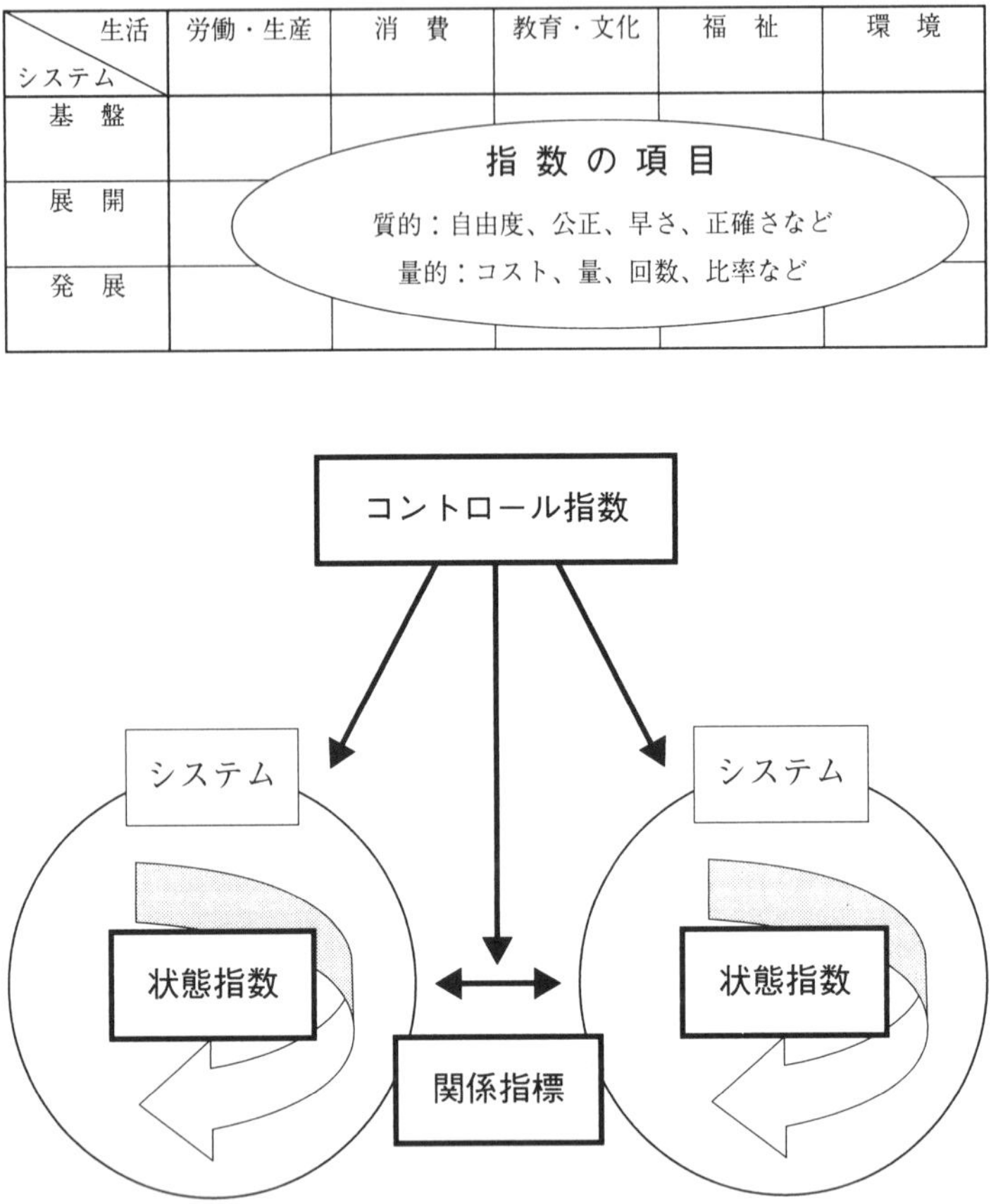


図4　持続可能な社会のための指標

システムは、人的、物的資源や情報の蓄積、システムの歴史感覚などをその基盤として持っている。この基盤と環境から取得した情報をもとに意思決定し、モノ・エネルギー・情報を環境とやりとり（代謝）する。これがシステムの展開である。さらにシステムは、展開を発展させて、あらたなモノやコト（文化や関係性など）をつくり出す（創造）。このような、基盤から展開、そして創造へといたるシステム機能と、労働・生産、消費、教育・文化、福祉、環境に分類された生活分野に対して、これら三群の生活指標が存在する。

状態指標は、代謝を中心としたシステムの状態をあらわす情報である。状態指標は、これまでの社会指標を、各種人間社会システムにまで拡張し、発展させたものである。

関係指標は、それぞれのシステムがどのように相互作用し、関係しているかを示す指標である。たとえば、メセナ、社会保障制度、互助システム、災害時の援助、海外協力、技術交流、通商協定、姉妹都市提携などがあげられる。システム間の関係は、公的な関係・契約と私的な交流・援助の両側面を含んでいる。

コントロール指標は、システムの意思決定機構やシステム間の調整機構の活動尺度、健全度といいかえることができる。コントロール指標は、情報と政策・対策の二つの面から成り立つ。情報については、システムの維持、安全に対するシステム内、システム間の情報システム、危機管理システムが、政策・対策では、情報システム、危機管理システムを実現するための協議、制度などがあげられる。

社会システムは、状態指標によって、システム自身の状態のみならず、システム集合内における自己の位置を知ることができる。また、関係指標からは、システム間の関係についての情報が得られる。このような情報から、各システムはこれから何をなすべきか、そのためのライフスタイルはどうあるべきかを考えることができる。コントロール指標からは、システムの全体性が保たれるための指針を得ることができる。これらの情報が、各システム間で完全に共有され、自由にやりとりされる時、三群の指標は、システムの意思決定を容易で確実なものにし、システム間の関係を健全に保つのに役立つだろう。

## 6. 持続可能な社会のための環境共同書

持続可能な社会実現のためには、社会システムの状態や関係をあらわす情報が必須である。特に、システム間を関係づける情報が最も必要とされている。ここでは、家庭と企業という社会システムを例にとろう。これら二つのシステムには、それぞれ、環境に関係した自己の活動の記録を作成する様式が存在する。環境家計簿と環境報告書である。

「環境家計簿」[13]は、家庭を中心とした人間の活動が、環境にどのような負担、影響を与えるかを、自分でチェックし、記入するものである。買い物をする。ゴミをだす……。多くの日常行動について、自分の環境を良くしたか、悪くしたか、他人の環境を良くしたか、悪くしたかを記入する。可能な場合には、環境に与える負荷量や負荷の換算金額も記入する。

このように環境家計簿は、消費者が、自分の生活の成り立ちを、環境情報として自ら記録し、処理するものである。環境家計簿によって、生活行動を見直し、環境に負荷を与えることの少な

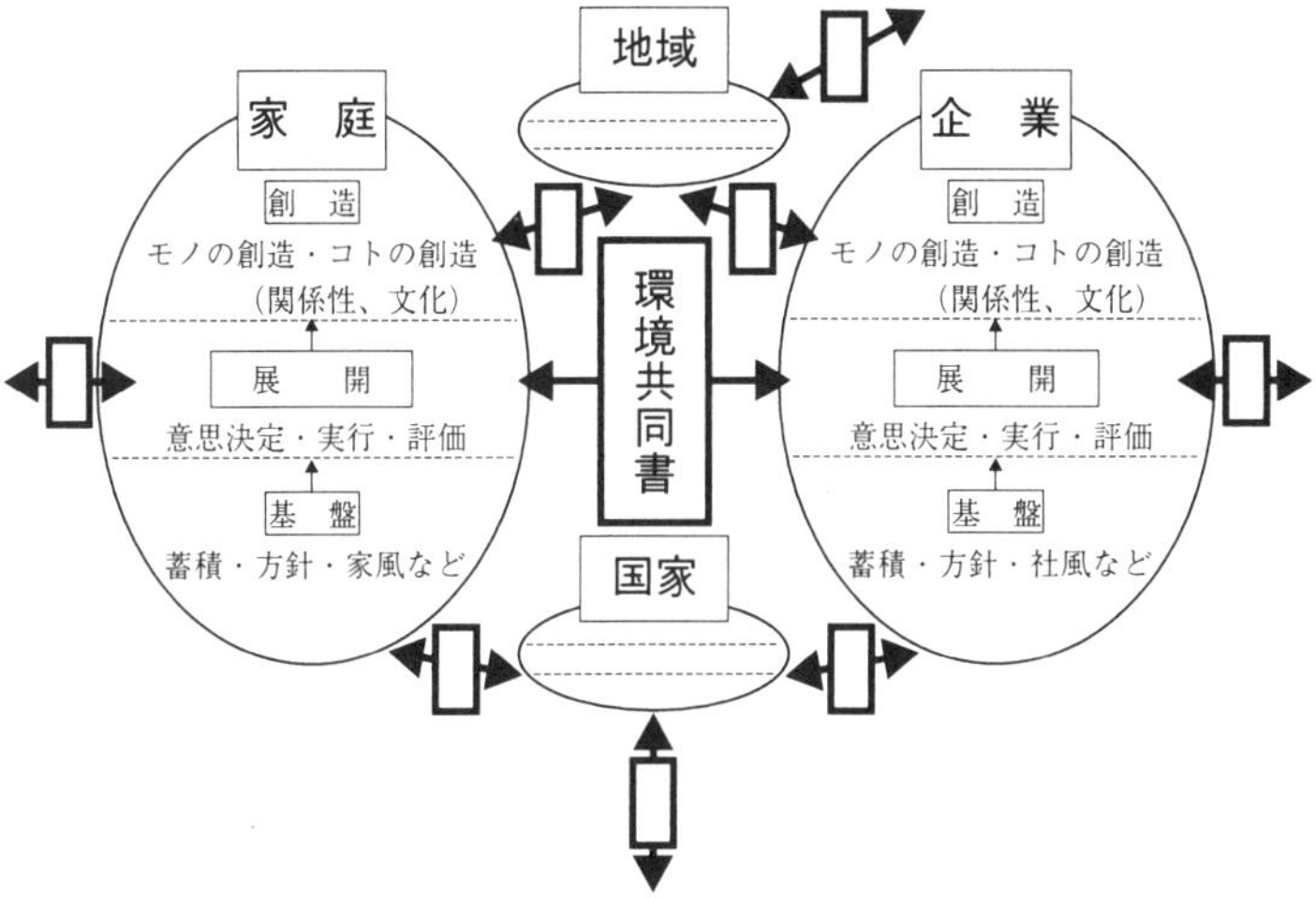


図４　人間社会システムをつなぐ環境共同書

いライフスタイルをつくっていくことができる。しかし、現在の環境家計簿の多くは、家庭というシステムの中で閉じており、活用の広がりを見いだし難い。

一方、近年、企業においては、経済効率だけでなく、環境を意識した活動が広がりをみせている。そして、情報開示の一環として、環境報告書を発行する企業が増え始めている。しかしながら、現在、環境報告書の良好なガイドライン[14]はなく、その目的、内容に関しては手探りの段階にあり、消費者にとって環境報告書がどのような意味をもちうるかは不明である。

そこで、環境家計簿および、環境報告書をとらえ直して両者を統合し、あらたに環境共同書を提案する[16]（図４）。人間社会システムを繋ぐ情報ツールである環境共同書は、持続可能な社会のための三つの指標のうち、特に、

「状態指標」と「関係指標」に対応した環境情報を扱い、以下の役割を担うことができる。①個人や家庭、企業などが、それぞれのシステム集合内の自己の位置を知り、さらに自己の占めるべき位置を意思決定するための情報（状態指標）を提供する。②システム間の関係を把握するための情報（関係指標）を提供する。

環境共同書の情報によって、企業と家庭とが、どのように関係しうるかを、生産されるモノ（自動車など）に関する情報を通して考えてみよう。

家庭、企業において、各々の基盤を確認する。企業は、自社のモノづくりのコンセプトと実績などを公表する。これに対して、家庭は、モノに関する考え方、使用実績などを提示する。

さらに、企業は、生産に投入されたモノやエネルギーに関する情報、適切な使用の方法、修理体系、使用、廃棄に伴うモノやエネルギーの消費に関する情報を提供する。家庭は、これらの情報を基に、モノの使用と廃棄（リサイクルなど）の計画を立てた後、モノを購入、使用して、廃物やエネルギーのデータを記録し、企業が公開しているデータとの異同を検証する。この検証は企業の活動や情報公開の正当性、あるいは家庭で記録したデータの正確さなどの目安となる。これらの情報を基に、家庭は、廃棄のあり方を企業側に提案しながら、モノの使用方法を修正し、廃棄方法を決定する。

企業は、モノの生産、消費、廃棄について、自らを評価する。家庭も自らのモノの使用、廃棄の仕方を評価し、さらに、企業の環境に対する取り組みを評価する。これらの評価は互いに交換される。

以上のプロセスを基にして、企業は、環境負荷の小さなモノを開発する。また、イベントやセミナーなどの開催、市民活動の支援等を行う。そして、これらの活動に家庭も参加する。企業は、新しい企業のあり方を提示し、家庭の側も新たなライフスタイルを提案する。また、企業の環境監査を家庭が行い、企業の評価や格付けをする。この結果は、家庭と企業以外のシステムにも公開される。

モノに関する上述の情報のほとんどは、システムの「状態指標」であるが、それらが公開され、交換され、そして評価されることによって、「関係指標」としても機能するのである。

同様の考え方により、多くのモノやサービスについて、システム間の関係性を変えていくための環境共同書を作成することができる。たとえば、家庭と自治体との関係を考えよう。これまで、一般廃棄物の処理は行政に任されてきた。このため、生活者と廃棄されるモノとの関係は不明確になり、廃棄プロセスへの生活者の主体的な関与は十分になされてこなかった。しかしながら、環境共同書は、生活者と行政とを結ぶのに寄与し、廃棄物を通じて両者の関係が緊密になることを可能にするだろう。さらに、家庭、地域社会、自治体、国家など、各システム間で環境共同書が作成、活用され、さらにその情報が公開されることによって、人間社会システム間は、双方向に結ばれる。このように、環境共同書は、人間社会システムが、新たなライフスタイルを築き、新たな関係を作り出していく可能性を秘めているといえよう。

## 7．持続可能な社会の中の人間

近代社会では、個人は、国家、企業、家族といった明確な境界をもつシステムの枠内でライフスタイルを築き、その中にアイデンティティを求めてきた。しかしながら、情報化時代には、各種の情報を自分で取得し、処理して、人間社会システムにおける自分の位置を知り、そしてさらに自分の占めるべき位置を自分で決めることになる。このことはまた、人間の内的世界の形成主体を、自分自身の側にとりもどすことでもある。そこから得られたアイデンティティが、新しい人間社会システムを生み出す原動力となるだろう。

そのような中で、個人には、情報活用能力とコミュニケーション能力とが求められるだろう。自己のアイデンティティを固定化した社会システムに求めることよりも、自分が、どのような社会システムの中で、どのような位置を占めるかということが問題となってくるからである。そして、その際のよりどころは、各種の情報（各システムの状態をあらわしたり、システム間をつないだりする共通の言語）である。数多くの情報の中から、自分に必要な情報を取得、蓄積し、処理し、さらに情報を発信することによって、自分のライフスタイル、そして人間社会システムの中での位置を知り、とるべき道筋を決定したり、新しいライフスタイルや新しい人間社会システムを築くことができるのである。[16] また、システム間をつなぐ役割を担うシステムに参加したり、そのようなシステムを創設することは、情報化の中で、社会の持続可能性を左右するほど重要になるだろう。そのためにも、個人は、情報人間として自己を確立し、膨大な情報を、意識的・無意識的なフィルターによって取捨選択して取得し、活用できる能力を身につける必要がある。さらに、自らも情報を記録し、つくりだし、発信する。この時、個人にとって重要なのは、情報技術よりも、むしろ、持続可能な社会を構想する感性や想像力、そして創造力である。そして、それらを発現することのできる豊かな内的世界をもつことが、情報化社会の中で、持続可能な社会を築こうとする人間にとって最も基本的な要件となるだろう。

註

1) D. H. メドウズ、D. L. メドウズ、J. ラーンダズ、W. W. ベアランズ三世、大来佐武郎監訳『成長の限界』ダイヤモンド社、一九七二年

2) *AGENDA21: Programm of Action for Sustainable Development,* RIO Declaration on Environment and Development, New York Publications, 1992

3) 内藤昌明、加藤三郎編『地球環境学一〇 持続可能な社会システム』岩波書店、一九九八年

4) 大藪千穂、杉原利治「家政学から人間社会システム学へ」『家政学原論部会会報No.31』三二―三四頁、一九九七年

5) L. V. ベルタランフィ、長野敬・太田邦昌訳『一般システム理論』みすず書房、一九七六年。杉田元宜『社会とシステム論』みすず書房、一九七六年

6) N. ルーマン、佐藤勉監訳『社会システム理論』恒星社厚生閣、上巻、一九九三年。下巻、一九九五年

7) 栗原康『有限の生態学』岩波書店、一九七五年。大政正雄『土の科学』NHKブックス、一九七七年

8) 吉田民人『自己組織性の情報科学』新曜社、一九九〇年。『情報と自己組織性の理論』東京大学出版会、一九九〇年。吉田民人『自己組織性とはなにか』ミネルヴァ書房、一九九五年。今田高俊『自己組織性』創文社、一九八六年。H. ウルリッヒ、G. J. B. プロプスト、徳安彰訳『自己組織性とマネジメント』東海大学出版会、一九九二年

9) 自己維持の機能を、システムの機能それ自身にスポットをあてて考察する理論として、オートポイエーシスがある。この場合、システムの境界はスタティックなものでなく、システムの機能と連関したダイナミックなものとなる（F. J. ヴァレラ、H. R. マトゥラーナ、河本英夫訳『オートポイエーシス』国文社、一九九一年）。

10) 槌田敦『資源物理学入門』NHKブックス、一九八二年。別冊経済セミナー『エントロピー読本』一九八四年、『エントロピー読本Ⅱ』一九八五年、『エントロピー読本Ⅲ』一九八六年、『エントロピー読本Ⅳ』一九八七年

11) 槌田敦『熱学概論』朝倉書店、一九九二年。槌田敦「持続可能性の条件」名城商学、第四八巻第四号　七九―一〇八頁、一九九九年

12) 大藪千穂、杉原利治「持続可能な社会のための生活指標と消費者教育」『消費者教育　第一七冊』一三一―一四〇頁、一九九八年

13) 盛岡通『身近な環境づくり―環境家計簿と環境カルテ―』日本評論社、一九八六年。山田国広『一億人の環境家計簿』藤原書店、一九九六年

14) 環境庁から出されたガイドライン（二〇〇〇年）は、環境会計の算出方法に重点が置かれ、環境報告書の情報のあり方については、明確には示されていない。

15) 杉原利治、大藪千穂「持続可能な社会のための環境家計簿」『消費者教育　第二〇冊』一一一―一二一

頁、二〇〇〇年

16) 大藪千穂、杉原利治「持続可能な社会のための消費者教育」『消費者教育　第一九冊』一―一一頁、一九九九年

# 第11章　システムとしての家庭と国家――大熊信行の家庭論

大熊信行は、独特の経済理論、生活理論を基軸として、経済学領域のみならず、家政学や文芸・評論等の分野で幅広く活動した学者である。[1] 本章では、極めて広範な彼の仕事のなかから、大熊の生涯を通じての主なテーマであったと思われる、生命体・生活体としての「家庭」と「国家」をめぐる問題、すなわち「生活原理」の適用対象について、氏の論稿をたどることによって、思想家大熊信行の家政観成立の過程を探り、彼の理論の意義と限界を見いだそうと思う。そして、「家庭」と「国家」という二つのシステムに対する大熊の思想を検証し、システム概念の中に位置づけてみたい。

大熊の理論は、現在でも新鮮であり、示唆に富んでいる。近代社会が抱え込んだ難問、資源や環境の問題に対しても、彼の理論はいくつかの本質的課題を提起している。たとえば、二酸化炭素の排出抑制を考える場合、モノの生産や消費に対する、彼の必要概念や配分原理を避けて通ることはできないだろう。また、産業革命による現代文明の総決算が迫られている今、彼がくり返し述べてきた、生命再生産の場としての「家庭」についても、新たな評価が下されねばならない。

## 1. 大熊理論の特徴

大熊の理論の特色は、⑴体験や常識的思惟をその基礎にすえたこと、⑵主婦、女性の役割を評価したこと、⑶個別知識の細分化ではなく、知識の総合化と総合化を統一的に支配する原理の確立をめざしたこと、にあるだろう。

「近代科学の方法論なるものは、科学と生活との関係を明らかにするものではなくて、科学を生活から引きはなすためのもの、であった。いまや思惟を逆にむけかえなくてはならない。必要なものは個々の知識の連鎖と配置であり、序列と系統化であり、そして総合である。これを総合するものは、生活視野の立場であり、そして生活者の立場は、現実には政治の立場である。」(『国家科学への道』東京堂、一九四一年、序三頁)

科学を生活から引き離す近代科学(典型的には経済学)への反省が常に彼の胸底にはあった。と同時に、既存の科学を乗り越えるにあたって、ジャーナリズムで活躍した彼の直観の鋭さと短歌を詠む詩人としての眼も、大熊の学問を特色づけるのに役立ったに違いない。[2)]

従来の科学者を、断片的な知の科学者として裁断し、全体を見通す視野をもてない科学者達、生活者である自己を見出せない科学者達への不満から、大熊が、国民的常識的思惟を念頭に置いた、個別科学知識にまさる生活智の開発へ向かったのは、不思議ではない。それは、「配分原理」(「生活原理」)として結実する。この原理は、「生活主体が、有効な資源(物財、エネルギー、時間、人間力等)を、生活配慮のもとに、有効に(合理的に)配分する」というものであり、経済領域に限らず、広く適用可能な一般性をもっている。大熊はこの原理を、第二次大戦前、そして戦中には「国家」に適用し、戦後は「家」に適用しようとした。しかし、「国家」への配分原理の適用は、その「イエ」への適用も含め、戦前に、精緻に体系化され、学問的には一応の完結をみている。それに対して、戦後、彼の「配分原理」と「家庭」、そして「国家」との関係は曖昧なままであった。

学識と学問の一体化、一元化をめざした大熊の生活科学の対象とするところは、時代が戦争へと傾斜していく時、「人間」そのものから「国家」へと移っていき、大熊は「国家総力戦争論」のイデオローグの役目を果たすことになる。国民的常識のありかが、戦争という日常生活に向かっていく時、生活原理は国家目的を遂行するための基礎理論となり、国家存在を大前提にした生活理論が展開されることになった。政治の立場と一体化した国家科学によって、「生活原理」は実質的に「国家原理」に変換したのである。

「われわれの一つの拠りどころとなるものは、国民的常識と生活直観への絶え間なき回帰であった。しかもそれのみによってわれわれの研究が真の国民的性格を獲得しがたいとするならば、残された道はわれわれの学問領域を国家科学の領域まで近接せしめることでありことに一つの大いなる学問的移動が行われなければならなくなるのである。」（『戦中戦後の精神史』論創社、一九七九年、七一頁。初出、「生命体としての国家」『日本評論』一九四三年一月号）

大熊の究極目的は、生活活動の全体的関連を統一的に把握する方法（配分原理、生活原理）の確立であったから、国家を中心に据えた戦中の論稿では、家庭や女性は、国家目的を遂行するための構成要素以上のものではなかった。しかし、たとえ国家の枠内であっても、家庭は、人的資源を生み出すところであり、家庭を中心とした生活体系は政治行政体系と並んで重視されていた。このように戦前・戦中の理論では、国家を一つの生ける身体として理解するところから、「国家と家庭」の関係を明確に位置づけていたことが特徴的である。ところが戦後、国家の枠が取りはずされた後、「家庭」を中心とした「生命再生産理論」の展開において、大熊は、「国家」の対極にあるものとして、「家庭」をアプリオリにもってきたにとどまり、両者の関係は無関係のまま放置された。

大熊の学問の特色として、もう一つ、その背景に自然科学的精神があったことも記しておかなければならない。

「中学を卒業してから、天文学の書物をかったりして、生命の起源というやうな問題のところで、胸をわくわくさせてゐたことをおもひあわせても、自分のうまれつきには、いはば自然科学的合理主義とでもいふべきやうな、ひとつのかたよりがあるやうで、この精神が歴史とか、伝統とか、因習とかいふものの意味をうけつけようとしない。」(『戦中戦後の精神史』三九七頁。初出、「社会主義」『理論』一九四七年二号)

旧来の科学、とりわけ、人間を忘れがちな経済学や自然科学の方法を、意識的に排斥しようとしていた大熊に、自然科学の精神が息づいていたことは注目されよう。それは、戦中・戦後とも一貫していた。鶴見俊輔が述べているように[3)]、「配分原理」はもともとはエネルギー配分の原理であって、生命あるものの運動の法則である。それは、物理学と生物学をつなぐ中間原理で、生あるものの行動を規範する。したがって、人間個体、家庭、国家等、生命・生活活動に対する配分原理のうちで、物質代謝、エネルギー代謝は重要な位置を占めている。そしてさらに、「生活合理性」、「必要」概念も物質的基盤のうえにたって、はじめて成立可能であった。

さらに、大熊の学問総体を眺めてみると、配分原理を中心とした彼の人間学は、「個人」や「男女」、「家庭」のような小さな人間組織と、多数の人間の集合体「国家」との間を常に行き来していて、中間の人間組織を全く無視していることに気づく。「家庭」と「国家」以外の生活組織や共同体は、最初から最後まで彼の意識にはのぼらなかった。このことは、玉之井芳郎、岸本重陳の指摘するように[4]、大熊の理論が歴史的考察に弱いこととともに、配分原理を含めた彼の学問のさらなる広がりと深化を阻んだ要因である。

## 2. 国家と生活原理

それでは、戦争体制へと日本が進んでいくなか、既存の科学をのりこえるものとして考えられた「国家科学」とはどのようなものであったのか。初期の論稿『マルクスのロビンソン物語』（一九二九年）で、生産と消費の両面を支配する経済原理にヒントを得た大熊は、次のような経済判断と実践の基本原理に到達する。

「経済配分における判断は人間的価値判断の総合的帰結であり、なかんづく事物の緩急軽重にたいする、本質的な意味における道徳的判断は、経済配分の全過程を通して自己を貫徹するものである」（『経済本質論』同文社、一九三七年、序四頁）

配分原理そのものは、池田元[5]の指摘するように超体制的性格のものである。したがって、その適用対象は、経済主体に限らず、生命組織から文芸まで、幅広く存在した。そしてまた、「国家」を適用対象にとったとしても、それは、当時の日本政府を批判する立場においても、あるいは、支持する立場においても可能であった。しかし、大熊は前者を選ばなかった。その理由としては、ジャーナリズムでの活躍が時流に抗するのを忘れさせたこと、中産階級出身の大熊自身の限界[6]ということもあるだろう。しかし、筆者は、配分原理の対象として、目的をもった国家存在を前提にし、その下で理論展開した方が、大熊にとって好都合であったからではないかと考えている。なぜならば、統一的に生活を理解しようとする配分原理は、その対象が、単純な目的意識をもった巨大な組織であるならば、理論を整序化し、体系化し易いからである。したがって、大熊にとって、戦前の日本の国家社会主義体制は、配分原理の対象として格好のものであった。逆に、大熊にとって、「国家」が前提でなくなった戦後の理論展開をみてみれば、ことはさらにはっきりする。戦後、「国家」にかわって、「家庭」を対象にした配分原理の展開は、大熊の様々な試みにもかかわらず成功していない。

いずれにしろ、戦前、戦中を通じて、配分原理（生活原理）は、生命主体としての国家を中心に展開され、①国家の基礎、政治主体としての国家と、②国家主体の本源的形成体としての家、の二つが、国家体系の重要な成員と考えられた。配分原理だけからすれば、「国家」と「家」は並列的である（後述のように、戦後の大熊はこの立場に立った）。しかし、「家」には国家生活の本源形成体である一要素としての位置づけが、国家的配慮の下に与えられた。そして、意思的行動者である国家が、生活体（国家）の限られた生活力（生活資力）を、生活秩序の下に、配分する方策が求められた。配分法則が国力の全構造を支配し、産業、家政、兵備、教育、政治行政の体系は、いずれも国家を構成する部分であり、それら諸関係の有機的関連が求められたのである。特に、モノの再生産を任とする企業と人間および生活の再生産を任とする家、の二つの経営体の合理化が求められた。[7] そして、そのためには、国民的活動の一部門として、母や主婦の家庭における活動を考察する必要があった。彼は、国民経済の観点から、「主婦は国民的生産の頂点に立つ」[8] とまで述べている。したがって家政学もまた、国家科学の一部へと転換されねばならないと説く。

「他方、これまで経済学の領域から遊離して存在してゐた家事科学または家政学と称するものが、その基本を根本から科学的に反省しなければならない瞬間に逢着してゐることも、掩うてはならない事実である。それは本質的には国家科学の体系の一部として抱接される以外に、正しい発展のないものである。」（『国家科学への道』三六七頁）

大熊は、「家」と「国家」を、部分と全体の関係と位置づけている。一方で、彼は、この二つの生活体の生活原理の相違を次のようにも表現している。

「このやうな個人的な生活の原理は、同時に生活主体たる国家の生活原理として見いだされるところなのであって、ただこの場合に、両者の生活力（または生活資力）の実体として見いだされるものが、必ずしも同一でないということは、注意を要する点である。

すなはち、個々の家政においては、普通に貨幣所得がその生活資力を表象してゐるわけであるが、国家においては決してさうではなくて、最も実体的な国力すなはち国家成員の生命的な活動力が、そのまま国家の生活力を形づくっているのである。」（『戦中戦後の精神史』二〇九頁。初出、「兵・労・学の一体性」『知性』一九四四年五月号）

ここでも大熊は、国家を、家庭よりも上位におき、より高次の生命体として認識していることがわかる。

同一の生活原理を有するはずの「国家」と「家庭」は、このように序列化され、軽重、上下、部分と全体の関係が規定された。そこでは、家庭主体は、より大きな国家主体によって包接されなければならず、家庭を一個の宇宙として、家族成員個々の人間性の開花をめざす生命再生産の視点は、国家のヴェールによって覆いかくされていた。

「国家」と「家庭」について、このような内部構造をもっていた大熊の戦中の理論は、しかし、当時主流となっていた観念的国体論や家族国家論[9]からは、はるかにかけ離れたものであった。そのため、彼は国体論者から、攻撃を受けることになる[10]。

「まへにいふごとくわれわれの学問領域では国体観念それ自体のみを説くことをもって研究課題とすることはできないのであって、その観念が生活的・制度的に生きている事態を客観的に把へることが大切な任務である。」（『戦中戦後の精神史』一九七頁。初出、「産業国家体系論」『中央公論』一九四四年一月号）

身の危険を感じながらも、自己の学理をこのように相対化できたのは、大熊の学問的良心によるものであったろう。

「政治の理論は全存在の理論である。しかし政治は全体であるといふことの真の意味を解くものが日常生活の理論を措いて他にないとすれば、生活の理論は政治の理論に移らなければならぬ。」(『政治経済学の問題』日本評論社、一九四〇年、五三五頁)

戦争中、大熊の理論は、生活の理論が政治の理論の側へ移行する過程をたどってしまったが、上述の視点は逆に、日常性の側から、非日常的なものとして立ちあらわれてくる政治を止揚する可能性をも示唆したものであった。しかし、大熊が、政治の物理的暴力に目ざめ、政治的なものを排除せねばならないと考え始めるには、敗戦という大事件を待たねばならなかった。

## 3. 国家忠誠の拒絶

「われわれは実に戦争をとおして、国家なるものを体験した。これはしたたかな体験だった。おそらく戦争と国家とは別々のものではあるまい。戦争とは国家のわざであり、国家とはまさに戦争をわざとするものだ。」(『国家悪』(新版)潮出版社、一九六九年、九二頁。旧版、中央公論社、一九五七年)

第二次世界大戦の体験は、大熊にとって決定的な意味を持っていた。戦争体制の推進者であった自己への責めは、著書『国家悪』(一九五七年)となって、国家そのものの疑念へと大熊をむかわせ、国家忠誠の拒否から、国家を越えたものへの忠誠(『兵役拒否の思想』一九七二年)へと大熊を駆りたてていった。そしてさらに、死を象徴する国家に対して、人間の生を象徴する家庭(『生命再生産の理論』一九七四年)へと、戦後の思索をすすめていったのである。

「分離、さらにまた分離。ぎりぎりの個に、いちどは解体するのがよい。孤独に還るのがよい。家をわすれ、郷土をわすれ、国土をわすれ、徒党をわすれ、自己の内部に沈み去るのがよい。もはや女でも男でもない自分というものに、いな、日本人であることとさえ、それを運命として外から受けとる当の主体である自分というものに、立ち還ってしまってみるのがよい。……そもそもわれわれにとって究極のものは進歩であろうか、誠実であろうか。……しかし、もしも進歩と誠実のいずれかひとつを、(かりにしばらくにもせよ)放棄しなければならないというならば、わたしは断固として、進歩を放棄しよう。歴史を信ずることをやめたものとののしられようともしばらく一個の人間のなかに退き、微かに良心をまもるにしくはない。」(『国家悪』二一一頁)

苦渋に満ちた告白が、彼の精神の深い傷口を象徴する。徹底的な自己省察、自己告発、自己解体。自己の学問対象として信じていた国家が、人間の生に対する巨大な阻害者として立ちふさがる存在であることを知ったとき、大熊は「国家」を拒絶する。そして、永久に拒絶する論理を探しはじめる。それは、戦争中の学問への反省であったし、自己の戦争責任の追求でもあった。人間が裸の個として存在できる要件とは何か? 戦争体験をこのようなかたちで問うことは、戦争責任を、政治・法律的なものを超えて、人間精神の問題とすることでもあった。

大熊は国家悪の本質を、(1)国家は物理力を背景にした人間支配の組織であること、(2)物理力の増強を目的とする国家のいきつくところは戦争であること、(3)人間性を破壊する国家も、もともと人間個の内から発したものであること、の三点にもとめている。

「しかし、人間尊重が、人間の『尊厳』という観念まで登りつめるときには、人間はついに国家主義と対等の関係において対立するほどの、一つの究極的な価値となるのである。」（『兵役拒否の思想』第三文明社、一九七二年、一〇六頁）

そしてこのような観点から、国家よりはるかに高い人間の在り方を探る。国家に刻み込まれることなく、国家と対立する人間存在。非人間的なあらゆることがらを問題とし、自由な思考能力を持ち、国家悪を自己の内部に掘り起こすことのできる自由人であろうとした大熊が求めたのは、国家への忠誠にかわる新しい忠誠概念であった。それは結局、政治と人間の関係において、政治の本質が暴力的なものであることを感知し、政治的なものを排除していくことでもあった。

「人間のあらゆる生活領域から、『政治的』なものをだんだん排除し、そして、〃政治以前〃の日常生活の諸領域をどこまでも拡大するとともに、『政治』を超えた人間道徳の世界を確立するということ。」（『兵役拒否の思想』一八七頁）

非政治的な日常生活へ立ち還ることによって、孤絶の個人として、世界的人間でありつづけること。そうすることによって国家への忠誠を拒否し、国家を超えた人類の道徳へと到達できると彼は考えた。

しかし、ここで注目せねばならないのは、国家存在を問題にするときの大熊は、生活原理・配分原理の対象としての国家を問題にしているのではないということである。彼の生活原理とは無関係に、国家の倫理性と人間の倫理性の相克のなかから、国家的なもの・政治的なもの・暴力的なものを拒否し、あたらしく、倫理、道徳原理を打ち立てようとした。そこでは戦争中の配分原理による国家への加担は、単に、道徳的な問題として取り扱われてしまった。戦争期の大熊の国家科学の基になった配分原理の内側から、国家を問うのではなく、別の所から国家へ疑念を投げかけたのである。この事は、配分原理適用にあって、所与のものとして「国家」をもって来た大熊の国家理論に内在していたといえる。つまり、先験的に措定された「国家」は、理念的に否定されるより他はなかったのである。

## 4. 国家から家庭へ

死を象徴する国家原理への絶望から、生命再生産をつかさどる家庭へと大熊の視点は移っていく。

「私自身が最後に到達したのは、個人ではなくて家族、——核時代の国家（または「国家悪」）に対する極限の実在としての、家族である。プラトンの国家論をわたしは拒絶するが、しかし家族的感情は国家の存在と矛盾する、としたかれの着眼には深く同感する。現代では、国家が人間にとって、『死』を象徴し、家族が『生』を象徴する、というのがわたしの到達点の一つである。」（『生命再生産の理論』上巻、四二頁）

国家原理を拒絶した大熊が、死を象徴する「国家」から、生を象徴する「家庭」（大熊は家族と述べているが、「国家」に対峙するのは「家庭」でなければならない）へと行きついたのは、戦後の大熊の問題意識の在り様からして、当然のように思えるかもしれない。しかし、本当に、敗戦を契機にした大激動が、彼の思想を百八十度転換させたのであろうか。そのような不連続な出来事として、生命の再生産理論はあるのだろうか。

「家庭」を基軸とした、大熊の生の思想のルーツは、戦前の著作の端々に顔を出している。国家存在の枠の中ではあったが、主婦や女性の役割り、家政を評価したこと、家政における秩序概念を説いたのはその表われであった。

「およそ経済生活の構造なるものは、生活の主体的存在、その意欲、生活情況、技術および経済行為、行為の客体といふような基本的な若干要素から成立つ秩序の論理として考へられる。基本的なものは生活の意欲であり、意欲の本質は生命の持続と発展にある。生命の持続的発展は生活および生命そのものの交替的循環として形成される。循環は実に生命そのものに固有の形成であり、人間生命の維持に必要な資料もまたそれ自体の生成における循環をもつ。経済的循環すなわち物財の再生産過程は、基底において自然的生命の規定としての循環を横へてゐることを閉却してはならなぬ。」（『政治経済学の問題』四〇八頁）

ここには「家族」ということばは出てこないけれども、戦後の生命再生産理論の原型はすべて含まれている。同じく『政治経済学の問題』のなかではさらに、生活の理論として、日常行為の継起を扱った時間論、価値論、意思決定、行為選択の原理、生活設計についても彼は言及している。

「生活全体の構造を不問に附したままで、衣・食・住・業、その他の各部門にわたる生活経営上の技術的合理化（または簡単に科学化）をどのやうに追求しようとも、それらにたいして全体的統轄において臨むべき生活合理の精神が欠けているならば、生活の科学化とか合理化とかいふことは末梢にとどまる技術論にすぎない。」（『国家科学への道』九〇頁）

このように、家政学の方向も、戦争期にその本質が把えられていた。生活の構造を科学的にとらえようとする生活科学は、大熊自身のうちに着実に準備され、しだいに開花してきたといってよい。国家の枠組みさえ無視すれば、商品中心の経済学から、人間の自己回復である家政学への萌芽は、すでに敗戦前に十分に認められるのである。

## 5. 大熊家庭論の特色と限界

商品中心の経済学、人間疎外の知的体系である科学に対して、家庭を中心とした生命再生産理論が、すでに大熊の初期の論稿から用意されていたことは、すでに述べたとおりである。では、大熊の経済学上の最大業績である「配分原理」と、戦後の主要な仕事である「生命再生産の理論」とは、どのような関係をもっているのであろうか。

「配分原理と人間再生産の理論は無関係のまま平行していた。それらはマルクスの労働価値説を起点としている……」[三]と、彼自身が語っているように、二つの発見は、同一の起点をもちながらも無関係なまま独立していた。「家庭」、「国家」等の生命、生活体から文芸まで幅広く適用可能な「配分原理」が、「生命再生産理論」とは無関係であった（少なくとも大熊の意識のうちでは）のは、驚くべきことである。「配分原理」は、「国家」だけでなく、生命再生産を任う「家庭」へも、当然適用可能である。それどころか、大熊の戦後の国家拒絶の姿勢からすれば、適用対象は「家庭」しかなかったはずである。しかし、配分原理の家庭への積極的な適用は、戦後ではなく、彼の戦争末期の論文に唯一の例を見つけることができる。これは、「新家政学」と題して、戦争中、『婦人公論』(一九四三年七月〜一一月)に連載されたもので、「天皇中心の思想が欠けている理由で、言論統制下、軍部の弾圧に遭い、連載五回で中絶したものだ[12]」と大熊は述懐している。「経済学との別れ」「人間の経済学」「生活合理化と科学的精神」「時間の経済と緩急原理」「生活配慮と生活設計」の五章から成るこれらの論文は、「配分原理」の「家庭」へのみごとな適用であり、戦後の主要著作『結婚論と主婦論』(一九五七年)、『家庭論』(一九六四年)、『生命再生産の理論』(一九七四年)すべてに、おさめられている。

このように、大熊の配分原理は、すでに戦争期に家庭へ適用されている。換言すれば、敗戦前に大熊の学問は大方完成されていて、戦後、さらなる学問的深化は、少なくとも、「家庭」と「配分原理」をめぐる問題に関しては、無かったといわねばならない。「配分原理」と「生命再生産理論」とは、戦後、無関係のまま放置されてしまったのである。

「およそ国民経済とは、『国民生活の再生産』を基盤とし、またそれを目的とする国民的分業の巨大な体系である。それは、人的再生産と物的再生産の両系列による循環の体系であり、この巨大な体系は、国民の欲望体系に対応する国民的産業体系の自律性によって維持されている。」(『生命再生産の理論』上巻、一四四頁)

ここには、戦中のような、国家目的のための生活原理はみられない。しかし、国民が国家を形成する主体である限り、国民経済は国家経済以外の何ものでありうるだろうか。また、国民生活の再生産とは、国家を場にした人間再生産でしかあるまい。このように戦後の大熊の経済領域の分野には、国民の仮面をかぶった国家が、頻繁に登場する。

一方で大熊は、しばしば、国家と国民概念の差異を明確化しようとした。

「わたしはこの場合、国家と国民とを区別し、国家に対して、国民の生命を重しとする立場にたつのである。」（『生命再生産の理論』下巻、三八頁）

この時彼は、国家の構成員である国民を取りさって、政治行政等の機能だけを任うものとして国家を規定している。しかし、それが可能なのは、経済（生活）領域以外の極めて限定された場面だけである。

国家（彼のことばでは国民）を超えたところに家政経営概念を提出するのではなかった大熊の理論では、したがって、経済対象としての国家は、実質的に否定されることはなかった。戦後の大熊は、配分原理と生命再生産理論とを、在るべき社会主義体制像のなかで統一しようとしていた、とも考えられる。だが、国家原理から自由な、すなわち国家社会主義とは無縁の、社会主義像を描くことは、戦後の大熊の思想的営みをもってしてもかなわなかったのである。

大熊の混乱は、人間生活の場としての「家庭」と人的集合体である「家族」にも、しばしばみられる。

「ここで改めて問わねばならないのは、『家庭とはなにか』という、一つの問いである。『家庭』というのは家族生活を内面からとらえた言葉であるから、むしろ『家族とはなにか』と問うのがよい。」（『生命再生産の理論』上巻、三二二頁）

「家庭」は家族生活を内面からとらえた言葉だろうか。否。「家族」が、「家庭生活」から人的要素を抽出した言葉である。そして、「家庭とは何か」と問うかわりに、「家族とは何か」と問うことは、「家庭」がもっている、場としての機能を棄てさることになる。生命再生産の基になる物質代謝と、人の生命再生産との関係を、それをとりおこなう「家庭」という場において把えること、つまり、「家庭とは何か」という問いに、配分原理を含めた学問体系の側から答えることを困難にしてしまうのである。

大熊は、家族制度を、生命再生産のために絶対的なものでは必ずしも無いとしながらも、「人間そのものの再生産の責任と役割を、国家や社会が全面的に担当しないで、子を生んだ一組の男女が家庭をつくり、子供を育てるとすれば家族は消滅しようがない。[13]」と述べて、家族の存在をほとんど先験的に前提にしている。そして、人間の家庭の特徴については、以下のように述べている。

「愛、同情、協力、連帯、奉仕、犠牲、信頼、誠実、などなどという基本的な諸徳が、人間において自然に養われる世界でもある。家族愛による人間関係を支配するものは、外に対してはエゴイズムであるとして、しかし内部では、無償の原理が立派に支配する。」（『生命再生産の理論』下巻、五八頁）

このような大熊の家庭生活に対する認識は、「家族を支配しているのが共同原則、社会を支配しているのが競争原則、国家を支配するのが強制原則[14]」という、大熊の単純化されたスローガンとともに、かなりオプティミスティックである。したがって、「国家」の暴力を執拗に問題としたのに対して、「家庭」のもっている暴力性については思いをめぐらすことはなかった。逆にいえば、なぜ家庭が暴力から自由であるか、という問いを発することはなかった。

大熊自身も、家庭における人間の物理力について、戦後すぐ、次のように述べている。

「親たちの保護と監視のすべては、物理的なものをその基礎とする。そしてその育てかたのなかには、古今東西を通じて、他のすべての動物を人間が飼育する場合と、共通の方式がふくまれている。子どもを容器に入れることは、時にはいわえつけること、木製の囲いの中に入れること。それはまた国家がある種の人間を取りあつこう方式とも酷似したものだ。」（「精神的暴力」『戦中戦後の精神史』五五一頁、執筆されたのは一九四八年五月。）

しかし大熊は、家庭のもっている物理力について、これ以上議論を進めようとはしなかった。「家というのは、いつ相手に殺されるかわからない状態にあえて自身をおくもので、そういう他人に自分を託する関係だ」というつぶやきを深部から発して、「助け、そだてあう関係としての家」への思索を進める、鶴見俊輔[15]の家庭観と比べてみると、大熊の家庭（家族）観は、家族が引きずっている重い部分を、切り捨てることによって成り立っているかのように思われる。

いずれにしろ、戦争期、大熊が「国家」の存在に疑念をはさまず、その理論を展開したように、戦後の大熊は「家庭とは何か」と根源的に問うまえに、「家庭」をほとんど先験的なものとして、理論を打ち立てようとしたのである。

## 6. システムと生活世界

以上、大熊信行の仕事のうち、「家庭と国家」をめぐる問題を中心に概観した。彼は、物財中心、人間不在の経済学に飽き足らず、物質の循環と生命（生活）再生産との関連を統一的に把える理論の構築を目ざした。彼の配分原理、生活原理の国家への適用は、第二次世界大戦中国家科学として総力戦理論の支柱となった。一方、家庭についても、国家を内部から支える重要な部門として、戦争期に体系的展開がなされた。そして、敗戦を期にした、国家への痛切な疑念は、国家忠誠にかわる新しい忠誠概念の模索と、死の象徴「国家」に対して生の象徴「家庭」を対峙させることによって、家庭の本質的機能の解明、人間の生命再生産理論の展開へと彼を向かわせた。

しかし、大熊は、生活合理性を規範とする生活原理、配分原理を、戦中は国家に適用したのに対して、戦後は、その原理を、イエを中心課題にして再検証する作業をおしすすめなかった。戦後、大熊は、国家概念を理念的に否定し、国家にかわる忠誠を探し求めたけれども、戦争期の、配分原理とその国家への応用は、自己の学問的成果として保持し続けたのである。そして、戦後、生命再生産理論は、大熊の内では、それらとは独立に打ち立てられた。国家忠誠の拒絶、生命再生産理論の構築、国家科学に代表される戦争期の学問成果の保持[16]。この三つが、大熊の内部では、奇妙な平衡感覚を保ったまま、保持されていたのである。

自己の配分原理の適用対象であった国家の否定、拒絶によって、新しく「家庭」のフィルターを通して、再び、配分原理（生活原理）を検証し、理論的深化をなすのではなく、無媒介的に国家から家庭へ転換していった。もし、「人間が国家の原型であり、国家は拡大された人間の模型だ[17]」とする彼の考えが、国家の否定だけではなく、その生活理論に生かされていたならば、「配分原理」と「生命再生産理論」とは、有機的関連をもったものになり、物質代謝と人間の再生産との関係が、家庭の本質的機能と結びつけて解明されたであろう。

松本三之介も後に、大熊の国家論を分析し、本章と似た論旨を得ている[18]。そして、大熊理論の未完成さを、社会集団から独立した自立的個人の析出が弱かったことに帰している。しかし、経済学者であると同時に、新しい短歌運動のリーダーであった大熊は、むしろ、当時の知識人の中では、個人として自立した人であったと思われる。問題は、やはり、生活原理適用対象システムについて、彼の理論が未分化であったことにあるだろう。

結局大熊は、生活体である「国家」と「家庭」についての理論を、壮大なスケールで打ち立てようとしたが、戦後の国家への省察が、道徳性による批判におわり、「家庭」「国家」を含めた生活体系に対して、新しい視点に立った配分原理が還元されることはなかったため、おそらく、大熊が最終的に夢みたであろう、国家原理の止揚による生の理論の構築という課題は、ついに果たされることなく終わった。

なお、人間の生命の再生産の基盤としての物質代謝の重要性を、大熊はしばしば指摘している。物質代謝と人間の生理的循環とを関係づけようとする生命再生産理論。これは、モノと人間、生産と消費の本質的相関をとらえ、人間生活を総合的に把握することの可能性をもった、すぐれて今日的な理論である。大熊は、生命再生産の理論を、物質代謝の側面から、なぜ展開しなかったのだろうか。これには、二つの理由が考えられる。まず、大熊は、家庭と国家以外の社会システムに目を向けなかった。そしてまた、戦争中の理論を除いては、国家と家庭という二つのシステム間の有機的な関係を、モノやエネルギー代謝の側面から論じることもなかった。システム間の関係性は不連続なままであったのだ。国家や家庭を社会システムの中に位置づけ、システム間の相互作用を物質代謝に即して理論化したならば、彼の配分原理は、社会科学と自然科学の枠を超え、人間社会の方向を指し示す、知の指標となりえただろう。

大熊の理論は、今日求められる循環型社会を考える上で、極めて示唆に富んでいることは疑いもない。そして、彼自身も、エネルギーやモノの循環について、しばしば言及している。社会システムの多様性と自律性を前提にした有機体論を構想し、配分原理の彼方に、持続可能な社会のための理論構築を行うことは、大熊の志をつぐもののつとめであるだろう。

## 註

1) 一九七七年（八四才）逝去後、『国家論研究』一五号（一九七八年二月、論創社）が、大熊信行追悼を特集している。同誌のなかでも、玉之井芳郎、岸本重陳「『生命再生産理論』の意味するもの」、大久保昭「国家・戦争そして人間」、玉城素「大熊信行の人間論」に、本章のモチーフの一部を負っている。

2) 大熊信行『文学的回想』第三文明社、一九七七年。同書によせた、鶴見俊輔の一文は、大熊の生涯の学問上の仕事と、文学的関心との関係を指摘している。

3) 鶴見俊輔『転向』中巻、思想の科学研究会、一九六〇年、一九一頁

4) 玉之井芳郎、岸本重陳『国家論研究十五号』、一九七八年、一一頁

5) 池田元『日本市民思想と国家論』論創社、一九八三年、六四頁

6) 鶴見俊輔『転向』中巻、一八五頁

7) 大熊信行『資源配分の理論』東洋経済新報社、一九六七年、三九〇頁

8) 大熊信行『国家科学への道』東京堂、一九四一年、三四三頁

9) 松本三之助「家族国家観の構造と特質」『講座 家族八 家族観の系譜』弘文社、一九七四年、五五頁

10) 大熊信行「大日本言論報国会の異常性格」『戦中戦後の精神史』論創社、一九七九年、六一五頁。初出、『文学』一九六一年八月号

11) 鶴見俊輔編『語りつぐ戦後史』思想の科学社、一九六九年、一七四頁

12) 大熊信行『結婚論と主婦論』新樹社、一九五七年、一九三頁

13) 大熊信行『生命再生産の理論』下巻 東洋経済新報社、一九七四年、三三頁

14) 大熊信行『生命再生産の理論』上巻 一七二頁

15) 鶴見俊輔『家の中の理論』編集工房ノア、一九八二年。

16) 大熊『資源配分の理論』(一九六七年)は、配分原理の国家への適用も含めた、戦前の主要業績を再整理したものである。戦争期の自己の理論を、このように再刊することのできる彼の態度は、志操の一貫性という視点からも評価されよう。問題はこれらの理論と、戦後の理論的展開とが、どのような内的関連をもっているかである。

17) 大熊信行『戦中戦後の精神史』五三〇頁

18) 松本三之助「大熊信行における国家の問題」思想、八三七号、一九九四年

# 第12章　近代化と持続可能な社会――アーミッシュから二一世紀を考える

## 1．都市化と田園

われわれは、二〇世紀を、様々な言葉で語ることができよう。帝国崩壊の時代、科学と技術の世紀、未開地消滅の時代、社会主義の実験が失敗した時代、工業の時代、核の時代、大量生産・大量消費の時代。別の見方をすれば、二〇世紀は、都市が田園を蚕食し、駆逐した時代、すなわち、世界の都市化がほぼ完成した時代といえるだろう。たとえば、先進国対後進国、資本主義対社会主義などの二項対立的図式も、経済的には、後者（田園）が前者（都市）を追いかける形に収れんしつつあるとみなすことができよう。

モノとエネルギーの大規模な転換が、短時間に行われる場所、それが都市である。近代の価値観は、まぎれもなく、都市化を絶対的なものとしてきた。だが、都市化は様々な問題をはらんでもいる。その典型が、資源・環境問題である。資源・環境問題は、人間が、生産や消費のために、モノやエネルギーの転換をスピードアップさせてきたことに起因している。したがって、資源・環境問題が、資本主義、社会主義という政治経済体制の違いにかかわりなく出現したのも、当然といえよう。都市化のもう一つの特徴は、情報量の増加である。二〇世紀は、モノやエネルギー消費の抑制が現実化した時代である。それに対して、二一世紀には、情報の消費にともなう問題が顕在化し、その解決が時代の課題となるだろう。

都市化は、物質的な豊かさと自由度の増大をもたらした。機能性と合理性が重視される都市では、生産と消費の分離、乖離もまた、進行する。その結果、人と人、人と自然との関係性は薄れ、人々は漠然とした不安感、不安定感にさいなまれている。このような閉塞状況の中で、近代化によって切り捨てられてきたもの、失われてきたものに対する再評価も始まろうとしている。そのひとつが田園である。都市と同じように、田園もまた、牧歌的な景観ではなく、その構造と機能とによって語られねばならない。そしてなによりも、田園を成り立たせているものの意味を明らかにすることは、二〇世紀を総括し、二一世紀を展望するためにも必要とされるだろう。

一方、アーミッシュとよばれる人々は、アメリカ社会の中で、非近代のライフスタイルを守りつづけている（第9章）。現代社会から隔絶せずに、近代化（都市化）の象徴であるアメリカにおいて、アーミッシュ社会が栄えてきた理由を明らかにし、二つの社会をシステム論的に対比させながら、近代を再考し、持続可能な社会を考察しよう。

## 2. 近代社会の成立とアーミッシュ

現代のライフスタイルは、いつ頃成立したのであろうか。アメリカと日本の生活の変化を、アーミッシュと対比させながら考えてみよう。生活の仕方を規定する主要な要因の一つに経済活動

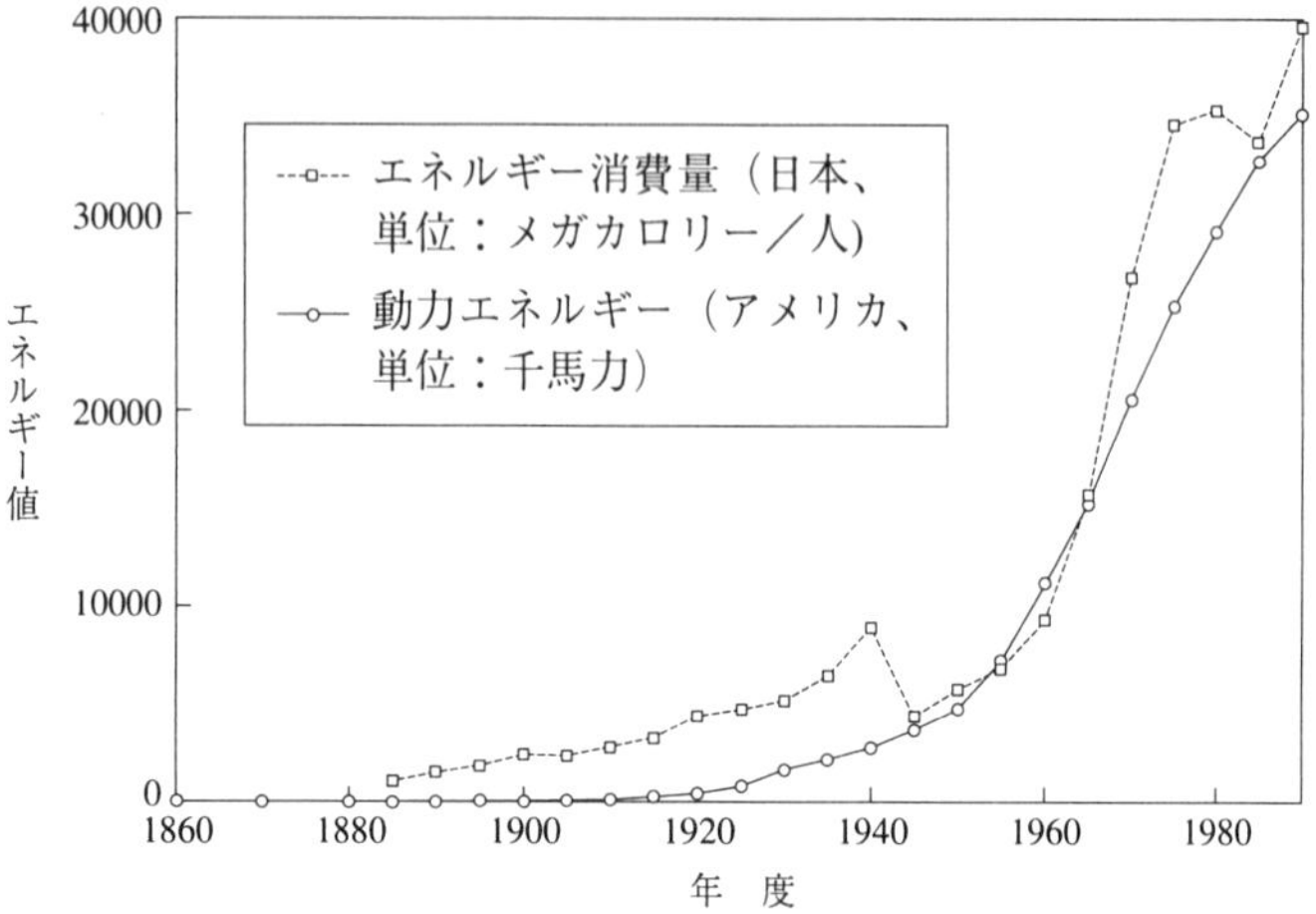


**図１　消費エネルギーの推移**

がある。ニューディール政策時に行われた大規模な調査（一九三五—三六年）から、当時のアメリカの経済状態を知ることができる。それによると、アメリカ人農家とアーミッシュ農家とを較べた場合、一九三〇年代半ばのアメリカ人家庭の経済状態は、農家が収入一四二三ドル、支出七五一ドル、一般労働者家庭が、収入一五一八ドル、支出一四六三ドル[1,2]であった。それに対して、アーミッシュ農家では、収入三一一三ドル、支出二一一四ドルであり[3]、当時、アーミッシュの方が、活発な経済活動を行っていたことがわかる。その後、アメリカ人家庭では、収入、支出ともに急増した。一九八七年のアメリカ人農家の収入は、三九三九四ドル、支出は四六八一二ドルであり、一九三五年度に較べて、収入で二八倍、支出で五六倍に増加している。[4]個人消費についてみれば、一九三〇年から四〇年代はほぼ一定であるが、その後、次第に増加

表1　家庭機器の所有率

| | 1935—1936年 | | 現　在 | | |
|---|---|---|---|---|---|
| 機　器 | アーミッシュ | アメリカ人 | アーミッシュ | アメリカ人 | 日本人 |
| ラジオ | 0 | 55.3 | × | 98.0 | NA |
| 冷蔵庫 | 1.9 | 17.5 | △ | 86.0 | 98.1 |
| 洗濯機 | 71.4 | 70.9 | ○ | 76.0 | 99.2 |
| 電気アイロン | 0 | 1.9 | × | 83.9 | 97.7 |
| 電気掃除機 | 1.0 | 40.8 | × | 90.0 | 98.1 |
| 脚踏みミシン | 97.1 | 86.4 | ○ | NA | NA |
| カラーテレビ | — | — | × | 98.0 | 99.0 |

し、一九九〇年には、食費が一一倍、住居費二二倍、交通費二四倍に増加したのである。[1] このようにアメリカ社会は、大恐慌時代を出発点として、現代様式のライフスタイルに急速に変化したといえる。日本でも、同様の傾向が見られるが、日本の場合は特に、一九六〇年代の増加が著しい。[5]

この傾向は、エネルギー消費量の増加からもはっきり見ることができる(図1)。日本人のエネルギー消費[6]は、一九〇〇年代初頭から漸増し、一九四〇年代に小さなピークをむかえるが、敗戦時に急落し、その後、一九六〇年代に急激な増加を示した。アメリカの場合、[1] エネルギー消費を、消費された動力エネルギーの変化で見ると、一九三〇年代を契機として、急速に増加したことがわかる。この増加は、ほとんど、石油の消費によるものである。このように、アメリカでは大恐慌時代を、日本では、敗戦を境にして、ライフスタイルが大きく転換した。

一方、アーミッシュはどうだろうか。彼らは、石油による二〇世紀の産業革命をやりすごしてきた。電力や自動車を使わない暮らしを続け、ライフスタイルの変化を小さくとどめてきた。このことは、現在、アメリカや日本の家庭には当たり前に備わっている種々の家庭機器（電気洗濯機、冷蔵庫、電動ミシン、テレビなど）の所有率が[7]、ほぼゼロであることからもうかがえる（表1）。ところが、一九三〇年代半ばには、アーミッシュと一般のアメリカ人の間に、家庭機器の保有率に大きな差はなかったのである。

アーミッシュは、バッテリーから電気を、冷蔵庫用にはプロパンガスを、洗濯機や扇風機を動かすコンプレッサーにはガソリンを使用する。しかし、これらの消費は、日常生活に必要な最低限度に抑えられている。彼らは滅多に遠距離の旅行をしないし、仕事や遊びに、現代テクノロジーを駆使した機器を使うことはほとんどない。たとえば、彼らの畜舎は通気の工夫をこらしてあるので、電動ファンを備えた通常の畜舎に較べ、約三分の一のコストで済む[8]。また、農作業には、化石エネルギーのかわりに、馬や人力を投入する。さらに、女性が、生産と消費の両方にたずさわり、それらを総合的に管理するので、エネルギーの消費が合理的になされる。その結果、アーミッシュ家庭の年間消費エネルギー（一五三〇〇メガカロリー）は、平均的アメリカ人家庭の消費量（一六〇二八〇メガカロリー）の一〇分の一以下になっている[9]。

このように、現代社会とアーミッシュ社会のライフスタイルには、一九三〇年以降、大きな隔たりができた。前者は、二〇世紀にライフスタイルを急変させ、一方、アーミッシュは、ほんのわずかしか変化させなかったのである。

## 3. アーミッシュのイエ

現代アメリカ社会のまっただ中で、彼らの社会が持続する理由を、まず、彼らの生活の場であるイエという社会システムから考察しよう。

アーミッシュ社会は、イエを基盤にしている。アーミッシュの生活はイエの生活であり、イエの外での生活の割合を増加させてきた近代社会とは、きわだった対照をなしている。日常生活のほとんどは、イエを中心におこなわれる。コミュニティの規模も、メンバーの人数ではなく、イエの数によってはかられる。

イエがもつ意味を考察するにあたって、イエが二つの概念からなると考えよう。家族（Family）と家庭（Home）である。この場合、家族とは、人と人との関係性からイエをとらえたものであり、一方、家庭は、モノ、エネルギー、そして情報が、外部（環境）とやりとりされる場として把握される。すなわち、関係性としてのイエ（家族）と場としてのイエ（家庭）である。

家庭（場としてのイエ）は、生産の場、消費の場、教育の場、そして余暇、文化、休息、安楽の場、としての意味をもっている。

アーミッシュ家庭は、これらのことがらが、非常に濃密に遂行される場なのだ。まず、生産と消費は、ほとんど家庭内で行われる。また、もともと彼らには労働よりも仕事という意識が強いので、余暇の比重は、近代社会のようには大きくない。けれども、家庭は、彼らに憩いとくつろぎの場を提供する。それを可能にしているのは、緊密な関係性と役割分担、そして権威構造を保持したアーミッシュ家族である。そこで、アーミッシュ家族、すなわち、関係性としてのイエをとおして、家庭という場でおこなわれる様々な営みを概観しよう。

アーミッシュ社会では、男女の役割分担がはっきりと決まっている。アーミッシュは、厳格な一夫一婦制をとっていて、その家族は家父長的性格をおびている。[10] 外出の際、先頭にたつのは常に夫であり、ついで母親、子供の順である。訪問者への応対も夫が主導権をとる。家庭内の役割分化もはっきりしている。夫は、農業などの生産関係の企画立案・運営、子供の宗教教育、家庭内宗教行事をはじめとする対外的に重要な行事、ドイツ語教育などに責任を持つ。妻は、家事万端を担う。子供の世話、料理、食料保存、洗濯、衣服の調達、菜園づくり、家屋内外の清掃などをこなす。農作業は、子供も含めて家族全員で行う。

アーミッシュのイエの大きな特徴は、それが社会化のための機関としての機能を有することである。両親が、子供の文化的成長の基礎を受け持つ。したがって、生活教育や宗教教育を担う家庭教育は、学校教育以上の意味をもっている。

子供は、四才になると家の仕事の手伝いを始め、六才で責任ある仕事を任せられる。少年の仕事は、鶏の給餌、卵集め、子牛の飼育、馬の運動などである。少女は、母親の仕事を手伝いながら、料理法、食料保存法などを学び、会得する。両親の仕事を手伝ったり、その一部を受け持ったりしながら、勤勉で、責任感のあるアーミッシュとして育ってゆく。また子供は、アーミッシュとしての生活規範をオルドヌングから学ぶ。特に父親からは、アーミッシュとしての価値観を日常生活の中で学ぶのである。

青年（適齢）期に達したら、教会に加入（再洗礼）するかどうかを決める。五人中四人までが、洗礼を受け、アーミッシュにとどまる。それまでは、一種の見習い期間、猶予期間である。アーミッシュのライフスタイルからはずれたことをしても、アーミッシュ社会から排斥されることはない。たとえば、青年は、時に、羽目を外した遊びをしたり、車を共同で所有し、非アーミッシュの隣人の駐車場に置かせてもらったりもするが、これらは黙認されている。もちろん、洗礼を受けた後は、アーミッシュのライフスタイルを遵守しなければならない。

結婚したら、新たな農場を得て、両親から独立する。今度は、自分たちが両親としての役割を果たすことになる。

このようにアーミッシュは、家庭生活を通じてアーミッシュのやり方に忠実な子供を養育し、社会化する。彼らは、非常に幅広い教育を、家庭内で行うのである。子供達は、日常生活の中から、何が悪で、何が善かを学び、イエやコミュニティにおける自己の位置と役割を知る。なお、彼らのほとんどは、英語とペンシルベニアなまりのドイツ語の両方を話すが、ドイツ語の教育には、父親と祖父母が主にあたる。

家庭におけるアーミッシュ女性の役割も特徴的である。アーミッシュ社会には、前近代的なジェンダー・ロールが存在する。[11] にもかかわらず、女性は、自信にあふれ、人間としての強さをもってる。女性は、母親、生産者、家政の管理者という三つの役割を担い、それゆえに尊敬されている。子供の世話、家族全員の衣服づくり、菜園の仕事、料理、瓶詰めなどの家事に専念し、たいへんな量の仕事をこなす。しかし、近代アメリカ社会のように、家事が主婦にフラストレーションをもたらすことはほとんどない。

アーミッシュ女性の家事労働は、生産と消費両方の管理を担うので、家計に、多大な寄与をなしている。アーミッシュ家庭では、一週間分の食料雑貨への出費が、わずか一〇～一五ドルで済んでいる。アメリカ人の家庭（一七〇ドル、一九九〇年）[4]、日本の家庭（一七六二六円、一九九九年）[12]よりもはるかに少ない。このように、女性の家事労働が、家計を助け、アーミッシュ家庭に大きく寄与していることを誰もがしっているので、働き者の女性は尊厳に満ち、人々から尊敬されている。

アーミッシュ女性は、また、家庭内の意思決定に、多くかかわっている。女性は、常に、夫のパートナーとして存在する。夫が来客と応対しているとき、女性は隣にいて、イエのこと、その他を進言する。夫は妻の意見を聞きいれ、いろいろな決定をする。また、農場はふつう、夫と妻、両方の名義になっている。

このように、アーミッシュのイエは、教育をはじめとして、その役割の多くを社会に委ねてきた近代社会のイエと対照的である。家庭内の仕事の社会化とひき換えに得られた時間や自由度は、近代女性の自己実現のために十分活用されているのだろうか。また、イエから教育を委託された学校が、瀕死の状態にあるのも、近代社会にみられる共通現象だ。現代社会が近代の負の遺産を精算するには、イエの役割の再評価が、まず必要だろう。

## 4. ライフスタイルの自己決定と社会システム

アーミッシュは、近代社会のまっただ中で繁栄してきた。社会学者D．B．クレイビルによれば、彼らの繁栄は、文化的抵抗と文化的妥協という、二つの戦略を巧みに使い分けてきたことによる[13]。彼らは、アメリカ文化の拒否、国家との分離、兵役の拒否など、世俗的なものを忌避し、外部世界との交わりを極力避け、彼ら自身の伝統的生活を守ってきた。一方で彼らは、外部世界からの恩恵、特に生活を豊かで便利にする、様々な文明の利器や技術革新に対して、全く無関係に生きてきたのではない。それらの機器が、アーミッシュの価値観をそこなう場合には、使用の方法を限定したり、禁止したりしてきたのだ。つまり、外部世界との間に文化的妥協を結び、アーミッシュとしてのアイデンティティを失わない範囲で、科学技術の成果を受け入れ、文明の恩恵を受けてきたといえる。

だが、近代化（都市化）のリーダーであるアメリカ社会の中で、アーミッシュによって田園が維持されてきた理由は、これだけでは十分に説明がつかない。そこで、アーミッシュがなぜ非近代を生きることができたかを、あらためて考察したい。その理由として、大きく三つ、考えられる。ひとつは、ライフスタイルの自己決定、自己管理のならわしであり、もう一つは、ゆらぎに対する緩衝、防御機構の完備である。そして、さらに、それらが有効に機能する場としてのイエやコミュニティの存在である。

まず、ライフスタイルの自己決定について考えてみよう。

アナバプティストである彼らは、成人時に再び洗礼を受ける。再洗礼とは文字通りには、宗教的な自己決定をさしている。が、ここでは、再洗礼の意味をもっと広く解釈し、再洗礼派を、寛容と自己規律、そして、ライフスタイルの自己決定能力を備えた人々ととらえよう。この場合、近代社会の自己が個人をさすのに対し、アーミッシュの自己とは、時に個人、時に家族、そして時にはコミュニティを意味する。

アーミッシュの自己決定の特徴は、猶予期間、すなわち、試す時間を経ることにある。再洗礼を受けるまでには、二〇年ほどの猶予期間がある。一方、物財の利用に関しては、彼らは、新しいモノをまず使ってみる。そして、それをそのまま取り入れるか、修正して使うか、捨て去るかを、判断し、決定するのである。科学技術の進歩によってつくり出される様々な機器に対して、彼らは無関心なのではない。むしろ、好奇心が旺盛で、進取の気性にとみ、チャレンジ精神にあふれている。一部の地域では、電話やトラクターを、近隣の農民よりも早くから利用し始めたのである。そして、何年か使用した後、トラクターや電話を限定して利用することに決定したのだ。コンピュータの場合は、使用の後、禁止となった。このようにして彼らは、科学技術の恩恵を自分たちの尺度ではかり、選択し、自らのライフスタイルを決定しているのである。

科学技術により、つくり出される文明の利器を、無批判的に使用するのではなく、新しい機器が彼らの伝統的価値を大きく損なわないかを慎重に見極め、彼らの価値観とアイデンティティが失われない範囲でそれらを利用する。換言すれば、彼らは、モノやエネルギーの消費の仕方をコントロールしながら、外の世界で用意された産業革命を、非常にゆっくりと、経験しつつあるといえるだろう。

ライフスタイルの自己管理を、科学技術の選択的利用と考えた場合、モノやエネルギーのコントロール以外に、もうひとつのコントロールを、彼らは日常的に行っている。それは、情報のコントロールである。

アーミッシュは、彼らにとって必要な情報の量と質をコントロールしている。電話を家の中へ引くかわりに、屋外に電話ボックスを設置し、その中で電話を使用する。電話についての一見奇妙な妥協は、外部世界からの無制限な情報の流入を防いでいる。彼らは、ラジオ、テレビ、商業新聞などのマスメディアを、原則的に利用しない。[14] 教育は八年制の初等、中等教育のみであり、職業の選択の幅も狭い。これらは、彼らの自由度を小さくする一方で、外の世界から情報がむやみに流入することを防いでいる。このようにして、限定された範囲内ではあるが、アーミッシュは、質の高い情報をやりとりするのである。電話を家庭内へ引かないのは、電話での表情のない会話よりも、お互いを訪問しあって、コミュニケーションをはかることを好むからである。不便な交通手段に固執するのは、直接的な情報交換による密なコミュニケーションを望んでいるからだ。このようにして彼らは、量としての情報を捨て去るかわりに、質としての情報を得るのである。その結果、人々は、互いの内的世界を理解する。そして、それは価値観の共有へとつながるのである。

このような、モノ・エネルギーのコントロールや情報のコントロールを可能にしているのが、イエとコミュニティというふたつのシステムである。これらのコントロールは、アーミッシュ社会を形成するふたつのシステム内の緊密な人間関係とシステムの規模の小ささによって保証されている。

コミュニティは、イエとならんで、アーミッシュ社会のなかで、非常に重要な位置を占めている。平均二〇家族、一六三人(大人七六人、子供八七人)がひとつのコミュニティを形成する。[15] コミュニティは、数マイルほどの大きさで、道路や小川がその境界をつくっていることがおおい。コミュニティは教会活動を行う教区でもある。日常のライフスタイルも、そして、それを規定するオルドヌングも、コミュニティごとに決まっている。全メンバーは互いに知り合いであり、名前で呼び合う。

コミュニティは、四人のリーダー(一人の監督、二人の説教者、一人の執事)を中心に運営される自治組織である。彼らは、政治の専門家ではなく、メンバーのなかから選ばれる。リーダーの役割は非常に重大であり、コミュニティ・メンバーがアーミッシュの価値をそこなわないよう、慎重に運営をおこなう。

コミュニティは、相互扶助の役割も担う。納屋を建築するときは、コミュニティのメンバー全員が建設に参加する。困窮したメンバーには、コミュニティの基金から金銭的援助をする。また、アーミッシュは、各種の保険制度を自分たちで運営している。

アーミッシュのイエとコミュニティは協同を旨とする。核家族ではあるが、ほとんどの生活は、祖父母も交えてなされる。[16] また、コミュニティには多くの血縁者がいる。コミュニティは、イエの延長ともみなせるのである。

アーミッシュ社会を形成するシステム(イエとコミュニティ)の規模も特徴的である。アーミッシュ家族は、三世代にわたることも珍しくはない。だが、その規模には、おのずから限度がある。一〇人以上の子供がいる家族は一三パーセントほどであるが、二〇人を越える規模の家族はほとんどない。一方、イエが集まって形成されるコミュニティも規模がほぼ定まっている。イエの数が増加して、二十数家族以上にコミュニティが膨らめば、その一部が分かれ、新しいコミュニティが誕生する。これによって、アーミッシュ・コミュニティの規模は小さく保たれる。社会システム（イエとコミュニティ）の規模の小ささ（場の小ささ）は、世界の小ささを意味する。したがって、彼らの世界は狭小である。しかし他方では、小規模システム内の限定された情報による密なコミュニケーションと自己決定・自己管理によって、人と人、人と自然との緊密な関係が保たれるのである。また、小規模システム内では、生産と消費のための移動は最小限ですみ、生活のほとんどがその中で完結する。

一方、現代社会は、イエとコミュニティ以外に、多数の社会システムをつくりあげた。が、それにつれて、イエ、コミュニティの機能は低下してきた。そして、人と人、人と自然の関係は薄れ、様々な社会問題が生じてきた。しかし、問題解決に有効な方法は、いまだ見いだされてはいない。特に、各種システム間のコミュニケーションの回復、そして、人と人、人と自然の関係性の回復が、現代社会に課せられた大きな課題である。

## 5. 社会システムの安定化

アーミッシュ社会にはいくつかの安定化・防御機構が備わっている。それらは、外部からのゆらぎや内部に生じる矛盾に対して、彼らのシステムを安定化させ、維持する働きをする。

アーミッシュ社会は、アーミッシュが、都市化をまぬがれつつ、近代社会の中で生き延びるための場である。この場は外部からの摂動によってもたらされるゆらぎに対して、緩衝作用と安定化機能をもつ。たとえばイエは、緊密な人間関係と無償の行為の積み重ねによって、家族成員を外部の圧力から守ったり、それぞれに安らぎをあたえてくれる。同様の機能は、近代社会のイエも備えているが、強い絆をもつアーミッシュのイエでは、はるかに強力である。

また、相互扶助のアーミッシュ社会では、経済面や人間関係など、アーミッシュの人々が直面する様々な困難を、コミュニティ全体で解決しようとする。たとえば、アーミッシュは子沢山である。男子に、農場を買い与え、独立させねばならない。土地の価格が上昇して、多額の費用を要するときにも、必要ならば、コミュニティが援助をする。親を亡くした子供には、コミュニティが、物的、精神的なサポートをする。また、火災や新築時の納屋建設など、様々な協同作業も、コミュニティの相互扶助のあらわれである。

イエの権威構造とコミュニティの価値は、個人よりも上位に位置するので、個人としての自由度は大きく制限される。かわりに、彼らは、安心感、満足感、情緒的安定、アイデンティティを得るのである。

内部的な危機を回避し、アーミッシュ社会を守るためには、シャニングの制度が機能する。オルドヌングに規定されたアーミッシュのライフスタイルから大きくはずれた人は、イエやコミュニティにおいて、アーミッシュとしてのつき合いから除外される。一種の社会的忌避制度であるシャニングは、アーミッシュのライフスタイルから逸脱した人を罰するためではなく、悔い改めさせて、アーミッシュへ復帰させるためにもちいられる。

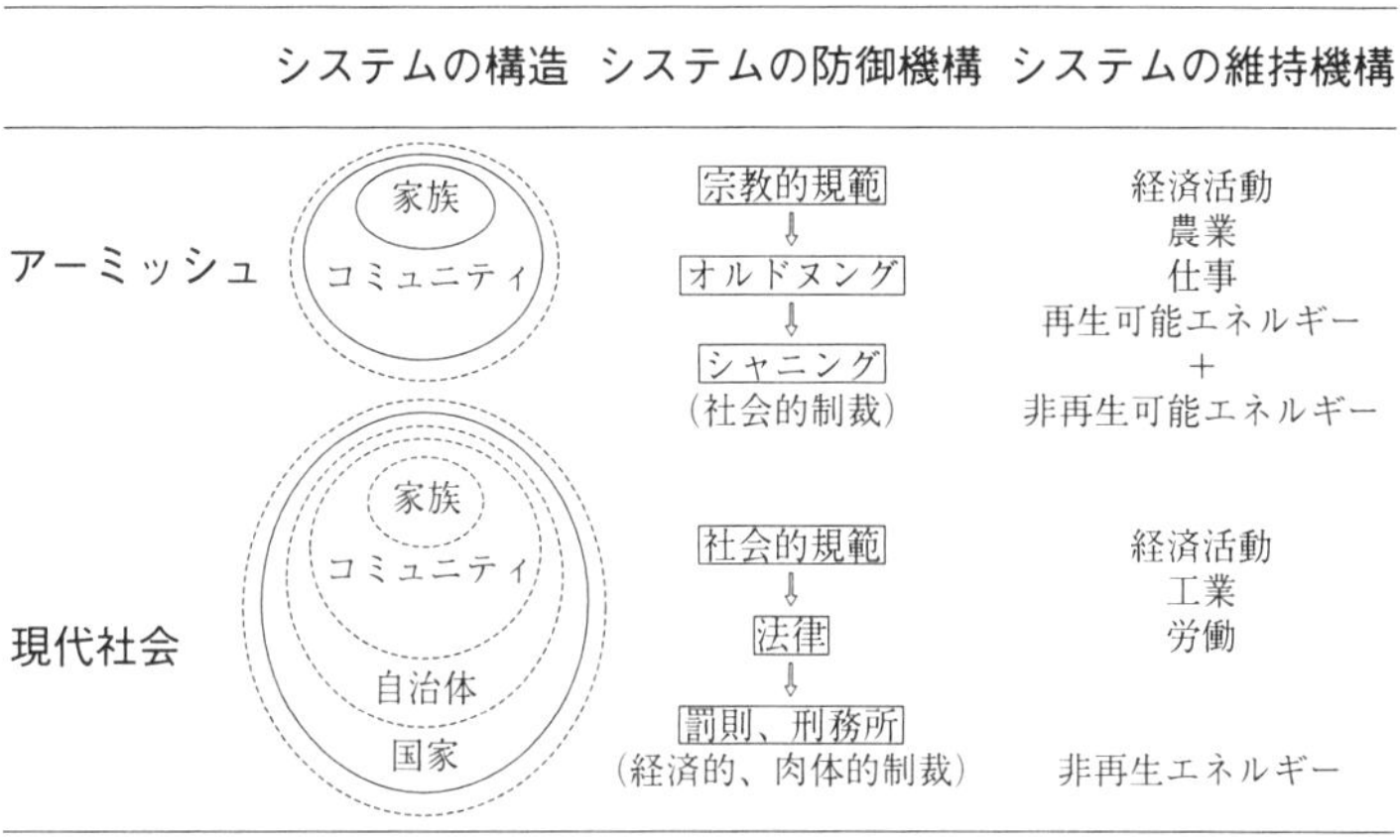


図2　社会システムからみたアーミッシュと現代社会

また、人々の間でライフスタイルについて、深刻な意見の違いが生じ、解決不可能になった場合、コミュニティは分裂し、新たなコミュニティが誕生する。分裂によって、内部矛盾は解消する。しかし、近代社会の組織の多くとは異なり、分裂が組織の衰退をもたらすことはまれだ。コミュニティごとにライフスタイルは異なり、そのことを暗黙に認めあっているからだ[17)]。

アーミッシュのイエには多くの子供達がいるが、彼らは、やがて両親から独立して、アーミッシュとしての生活を始める。したがって、アーミッシュのコミュニティはどんどん大きくなる。やがて、その一部が分かれ、新しいコミュニティが誕生する。コミュニティの増殖によって、コミュニティの規模はほぼ一定に保たれる。このようにして、肥大化に伴う組織の形骸化や官僚化から免れ、彼らのライフスタイルを守り、自治組織を運営するのに適した大きさに保たれるのである。もちろん、イエは、ある大きさを超えることはない。アーミッシュの防御機構は、このような小規模のシステムにあって、はじめて、有効に機能するのである。

アーミッシュと現代社会の社会システムを、対比させてみよう（図2）。アーミッシュ社会は、個人、イエ、コミュニティで完結している。彼らには、それ以外の社会、たとえば地方自治体や国家は、念頭にない。政治にも関わらない。システムの維持は、いずれの社会も経済活動によってなされる。現代社会が、非再生エネルギーによる工業生産に大きく依存しているのに対して、アーミッシュは、再生可能なエネルギーをできるだけ利用するやり方の農業を経済活動の基本としている。さらにシステムの防衛機構も大きく異なる。現代社会では、社会的規範を法律の形に成文化し、違反した場合には、経済的、肉体的制裁を科すことによって秩序を保っている。一方アーミッシュは、宗教規範を日常生活レベルまでおろして、オルドヌングの形で親から子へ口伝えにし、違反者にはシャニングという精神的制裁を加える。彼らは、イエやコミュニティの安定化をまずはかる。その結果、個人の安定がもたらされると考えている。一方、個人の価値観を尊重し、個人の開花を絶対的のものとする現代社会は、イエやコミュニティなどの社会システムの機能を、次第に低下させてきた。近代の国民国家では、かわりに、国家がその機能の一部を担うようになったのである。だが、個人や社会システムは、むしろ不安定化している。

## 6. 現代社会の持続可能性

アーミッシュは、近代アメリカ社会の中で田園を維持してきた。それは、再洗礼派としての宗

表2　アーミッシュと現代人の比較

| | | 現代人 | アーミッシュ |
|---|---|---|---|
| 情報 | 量 | 多 | 少 |
| | 質 | 混沌 | 厳選 |
| 関係性 | 人間―人間 | 弱 | 強 |
| | 人間―自然 | 弱 | 強 |
| コミュニケーション | | 疎 | 密 |
| 消費（物財、サービス） | | 多 | 少 |
| 価値観 | | 豊富 | 簡素 |
| | | 自由 | 美 |
| | | 自己本位 | 謙虚 |

教的自己決定だけでなく、エネルギー・モノのコントロールと情報のコントロールという二つの面から、ライフスタイルを自己決定することによってなされてきた。また、アーミッシュ社会は、外からのゆらぎや内部の矛盾に対しても、巧妙な防御、安定化機構を備えている。そして、ライフスタイルの自己決定とアーミッシュ社会の安定化は、小規模なシステムであるアーミッシュのイエとコミュニティ内で有効になされてきた。

このようなライフスタイルの自己決定・自己管理は、欲望と消費の増大によって、生活の自己管理を放棄しがちな現代人に、大きな課題を投げかけている。換言すれば、近代社会を生きる人間が、日常生活のレベルで、いかに主体性を回復するかが問われているといえるだろう。外の世界の人間は、この問いに対する解答を、どのようにして見いだすことができるのだろうか。その糸口は、やはり情報にあるといえるだろう。アーミッシュは、

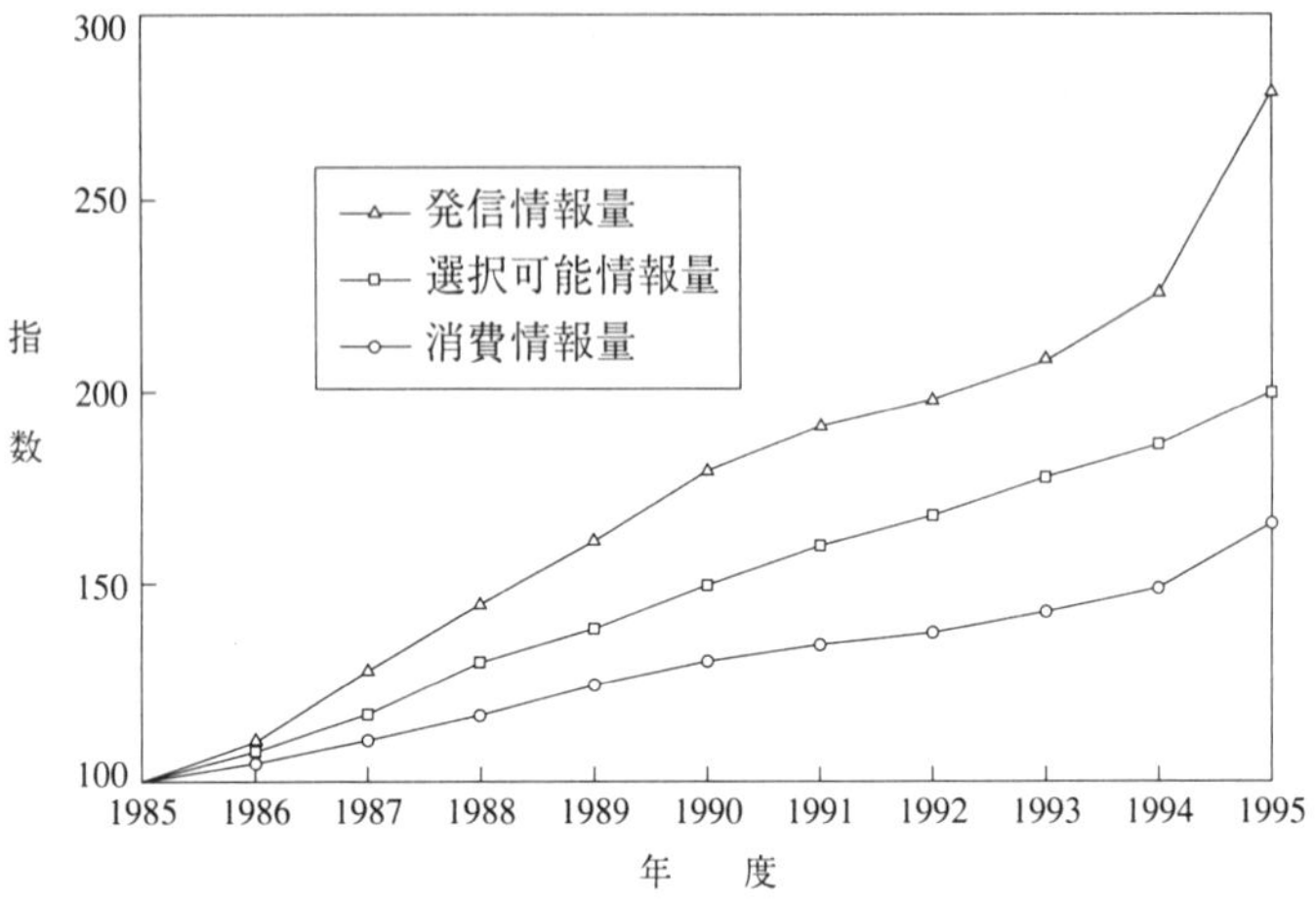


図3　情報量の推移（日本）[19]

狭い、限定されたシステムの中で、情報を制限することによって、生活をコントロールしてきた。しかし、狭い枠内での、限定された情報のやりとりは、人間の持つ内的世界を狭小にしたり、人間の能力の開花をさまたげもする[18]（表2）。

では、われわれの社会にとって、情報はどのような可能性をもちうるのだろうか。グローバル社会の特質は、情報による物理的、空間的距離の縮小にある。情報化は、コミュニケーションを容易で確かなものにするだけでなく、アーミッシュが小さな規模のシステム内で実現してきたこと、すなわち、人と人との緊密な関係性の確保を、大きな空間でも可能にするかもしれない。インターネット上の様々なネットワークの出現は、国境や民族を超えた新しい社会システム時代の到来をつげているかのようだ。

しかし、このような予測は、私たちが、世界を構成する無限の情報の中から、自分にとって必要な情報を、すばやく、正確に取得できることを前提にしている。情報化は、はたしてそれを可能にするだろうか。

私達の日常生活に供される情報は、種類、量ともに、膨大である。さらに、情報量は年々増加している。しかし、供給される情報に対して、消費される情報は少ない。供給情報には、むだな情報が多かったり、情報の活用がうまくなされていないためである。総供給情報量のうち、一九八八年度は、四・八%、一九九六年度は六・〇%が消費されているにすぎない。しかも、情報の消費率は年々低下している[19](図3)。

これらの事実は、人間が消費できる情報量には限界があり、その限界に近づいていることを示唆している。これは、人間が情報を摂取する時、自己に備わったフィルターによる情報摂取のコントロール(第6章)がうまくいかず、混乱を招いている結果だろう。現代人は、莫大な量の情報を消化しきれないのだ。さらに、過多な情報は、人間の意思決定を容易にするのではなく、むしろ、思考、判断に混乱をもたらしている。選択肢がふえすぎて、ライフスタイルの自己決定が困難になっているのだ。経験や勘に頼っていた今までの情報処理法が、限界に達しているともいえよう。したがって、現代社会の人間も、新しいやり方で、情報の管理を考えねばならない。その際、アーミッシュとは異なり、情報の質と量の両方を確保することが重要である。すばやく、的確な意思決定をおこなうためには、情報の取得、蓄積、発信に関して、有効なシステムが構築され、日常生活レベルでそれが十二分に活用できる体勢を、技術的、社会的に整備することが必須となるだろう。また、多くの情報のうちから自己に必要なものを見つけだし、取得、蓄積し、活用する能力（情報リテラシー）も身につけねばならない。

最後に、アーミッシュの場合、簡素で慎ましやかさを徳とする価値観が、彼らのライフスタイルを支えてきた。そして彼らは、その価値観を、美意識にまで昇華させてきた。実際、アーミッシュ文化を象徴するモノトーンの衣服やバギーは、不思議な美しさをたたえている。また、アーミッシュの人々は、自分たちのライフスタイルを誇っているかのようにもみえる。そして、彼らの価値観や美意識は、ゆっくりとした時間意識と謙虚さによって、ゆるぎないものになっている。持続可能な社会を展望するとき、外の世界の現代人も、新しい情報技術や情報リテラシーだけでなく、日常生活における確固とした価値観、あるいは信念のようなものを、やはり必要とするのであろうか。生活のマネジメントを行う主体は、豊富という価値観のかわりに、何を身につけるべきであろうか。それに対する解答が、近代社会の行方を左右することは間違いないだろう。

註

1) G.T. Kurian, *Datapedia of the United States 1790-2000*, Bernan Press, Lanham, MD（1994）
2) Bureau of Census U.S.Department of Commerce, *Historical Statistics of the United States Colonial Times to 1970 Part 1*, Washington D.C.（1975）
3) S.D. Roschly and K. Jellison, Agricultural History, Vol.67,134-162（1993）
4) The Annual Report of the Council of Economic Advisers, Economic Report of the President, Bernan Lanham, Maryland(1995)
5) 総務庁統計局『家計調査総合報告書　昭和二三年～六一年』一九八八年

6) 日本エネルギー経済研究所『エネルギー・経済統計要覧』省エネルギーセンター、一九九四年

7) C.Oyabu and T.Sugihara, New Strategies for Sustainable Society. II.The Perspectives of an Alternative Lifestyle in Well-developed Countries through Amish Way of Life, The Journal of ARAHE, Vol.4,85-93（1997）

8) V.Stoltzfus, Rural Sociology, Vol.38,196-206（1973）

9) W.A.Johnson, V.Stoltzfus and P.Craumer, Science, Vol.198, 373-378（1977）

10) 坂井信生『アーミッシュ研究』教文館、一九七七年、三八〇―三八七頁

11) D.B.Kraybill and M.A.Olshan, The Amish Struggle with Modernity, University Press of New England, Hanover and London, 1994, pp215-230

12) 総務庁統計局『平成一一年度家計調査年報』一九九九年

13) D.B.Kraybill, The Puzzles of Amish Life, Good Books, Intercourse, PA, 1990, pp6-17（邦訳『アーミッシュの謎』（杉原利治・大藪千穂訳）論創社、一九九六年）

14) ほとんどのアーミッシュ家庭で購読されている雑誌に『Family Life』がある。週刊で、現代社会の新聞と週刊誌の中間のような内容であるが、時事的な記事はあまり多くない。

15) D.B.Kraybill, The Riddle of Amish Culture, The Johns Hopkins University Press, Baltimore and London, 1989, pp69-93

16) アーミッシュは核家族であるが、老父母の家は同一敷地内に隣接して建てられる。また、日常生活の多くは、老父母を含めてなされる。

17) アーミッシュ・コミュニティはそれぞれ独立しているが、コミュニティ同士でゆるいつながり（affiliation）をもち、情報交換を行っている。

18) T.Sugihara and C.Oyabu, New Strategies for Sustainable Society. I.The Role of Environment, Information and Lifestyle in Socio-organic Systems, The Journal of ARAHE, Vol. 3, 41-46（1996）

19) 郵政省『平成一〇年度版　通信白書』一九九八年

## 第13章　環境ファシズムを超えて

共生社会、循環社会なることばが、氾濫している。行政が企画する大イベントも、環境のベールで包まねば実行が困難になってきた。猛禽類の発見により、公共工事が中断されるほどに、環境保護が一般化してきたのである。大学では、「国民のため、環境問題の解決を」のスローガンがかかげられている。

一億総環境イデオローグのこの時代は、しかし、太平洋戦争前後の日本に似てはいないだろうか。かつて、多くの人々が、翼賛運動に参加し、体制をつくりあげた。そして敗戦後、雨後のタケノコのように誕生した民主的知識人の多くは、戦争時に旗を振った人々であった。

今また、バスに乗り遅れまいとする環境政策主義者たちは、状況次第では、全く逆のスローガンをいとも簡単に掲げなおすだろう。環境保護であっても、反環境保護であっても、それを担う人間に変化がなければ、あるスローガンは、正反対のスローガンの裏返しにすぎないからだ。これは歴史の教訓である。

本書をむすぶにあたって、環境問題が、ファシズムへ至る回路から自由であるための思考と方法を探り、持続可能な社会への展望を行いたい。

## 1. ファシズムとは

ファシズムの概念は様々に論じられてきた。[1] ここではファシズムを、「暴力的、社会心理的強制力をともない、社会・経済的、文化的な画一性をもたらすマスヒステリア現象」と定義しよう。ファシズムは、全体主義的、権威主義的であり、自由を極度に抑圧し、しばしば、侵略的行動に訴える。したがって、ヒトラーやムッソリーニの独裁体制だけでなく、旧ソ連、東欧諸国など、ほとんどの社会主義国の体制もそれに含まれる。資源・環境問題とおなじく、ファシズムに対しても、資本主義、社会主義という図式は意味をもたない。さらに、冷戦終結後は、民族や宗教問題がファシズムをもたらす危険性も指摘されている。[2]

一般に、ファシズムは、上（外）からやってくると考えられている。しかし、上からの流れを支え、流れに合流する、下（内）からの流れがなければ、ファシズムは十全に機能しない。全体性が成り立つためには、個が必要なのである。

ライヒは、ファシズムについて、平均的な人間の性格構造を政治的に組織した表現にすぎないと述べた。それは、人間の、集団としての性格構造における非合理性の発現形態であり、神秘化された条件の下では、オルガズム願望の変形として発現する。[3]

精神分析学的な性・エネルギー経済・社会理論の当否を判断することは私にはできないが、強権的・画一的なシステムをつくりだすのが人間であることは確かである。しかもそれは、ヒトラーやムッソリーニに特異的に由来するものではなく、人間の一般的性格に根ざしているというのも当をえているだろう。ファシズムが、ある特別な人間の支配欲や権力欲を契機としているにしても、彼を支える膨大なマスとしての人間が必要であるからだ。

環境には、一人一人の人間が個として関係している。したがって、人間の側から環境問題を考えていく場合、ファシズムの問題を避けては通れない。持続可能な社会を展望するには、エコファシズムから自由であるための回路を模索せねばならない。

## 2. 環境問題と全体論

現代の環境問題が、人間の自己中心的な考えと行動から発生していることはいうまでもない。近代社会は、モノの生産と消費を急増させ、それが人々の欲望をさらに肥大化させた。これは、近代合理主義のひとつの帰結である。

西洋の機械論的自然観が、環境問題の源流であるとするならば、その流れを、生命中心主義、生態系主義の自然観へ転換しようという思想もまた、西欧の自然哲学からうまれた[4]。

環境思想史家ナッシュは、この流れを、アメリカ独立革命以来の、自由主義思想、自然権思想の発展として述べている[5]。彼によれば、その発展とは、倫理の対象が、人間だけの独善的なものから、しだいに、空間的な広がりをもつものへと変化してきたことを意味している。それは、自己、家族、部族、地域、国家、人種、人類、動物、植物、生命、岩石、生態系、地球、宇宙へと至る倫理の進化である。また、法的進化の過程としてみるならば、マグナ・カルタ（一二一五年）、アメリカ独立宣言（一七七六年）、奴隷解放宣言（一八六三年）、女性憲法修正一九条（一九二〇年）、アメリカ先住民インディアン市民権法（一九二四年）、労働者構成労働基準法（一九三八年）、黒人公民権法（一九五七年）、自然絶滅危険種保護法（一九七三年）というように、近代における権利概念の拡大としてとらえることができる。

西洋合理主義への反省が、近代化を率先しておしすすめたアメリカを中心に行われてきたことは興味深い。アメリカには、『森の家』を著したH．D．ソローをはじめとして、多くの環境主義者があらわれた。そのなかで、現在の環境哲学にもっとも大きな影響を与えたのは、土地倫理（大地の倫理）の概念を提唱したA．レオポルドだろう。現代の生命中心主義的、全体論的（holistic）倫理学の創始者といわれる彼は、一九四〇年代に、はやくも、生態学的な倫理思想を打ち出している。[6] 彼によれば、土地は単なる土壌ではなく、動物、植物、バクテリアなどの生物をはぐくみ、生命の流れと循環をつくり出す。このような生命共同体全体（エコシステム）では、要素が協同的に働き、部分の総和よりも大きな全体が生み出される。その中で人間は、土地（自然総体）の単なる一構成員にすぎない。

共同体の概念を、人間から、動植物、さらには、土地、空気など自然界全体へと拡張したこのような考え方は、近代生態学の基本理念とほぼ一致する。個人は相互に依存しあう共同体の成員であり、お互いの存在を尊重せねばならない。自然の自由な利用、人間による無制限な活用は許されるものではない。ここに、人間の欲望や自由を抑制する論理が生まれる。

しかしながら、この考え方を極端に押し進めれば、個体よりも全体が上位に位置することになり、全体の目的のために、個体は犠牲にならねばならないとして、様々な反論がなされた。とくに、動物の解放を提唱したＴ・リーガンや動物の権利を訴えたＰ・シガーからは、環境ファシズムとの厳しい指摘を受けたのである。[7]

彼らは次のように主張する。種（全体）に意味があるのではなく、個々の動物にこそ、権利がみとめられる。したがって、個々の生物を保護することが、結局、生態系を保護することになると。もし、人間の方がシステムとして絶対的に上位にあるならば、動物虐待も正当化されてしまうだろう。また、資源・環境問題をもたらす人口増大を抑制するためには、飢餓に苦しむアフリカ諸国を見殺しにしてもよいことになる。

生命共同体全体のために、個体の犠牲が正当化されるならば、環境保護の全体論は環境ファシズムへと転化するだろう。人間社会において、それは、弱者切り捨て、さらにはナチスの優性思想へもつながりかねない。

### 3. 環境ファシズムを超える試み

環境問題における全体論は、個を押しつぶす可能性を持っている。環境問題の解決のためには、この難問に答えなければならない。

加藤尚武は、環境倫理の立場から、この問題に言及している。彼によれば、環境倫理から生まれる全体主義は、一九世紀から二〇世紀にかけての「国家全体主義」とは性格が違う。国家ではなくて地球こそが、すべての価値判断に優先して尊重されなければならない「絶対的なもの」なのであって、国家エゴはこれによってかえって抑制されることになる。そして、欲望の世界の総量を制限し、地球環境問題を解決しながら、なおかつ個人の自由が成り立つ余地をなくしてしまわないために、人工的な無限空間を提案する。それは大きなゴミ捨て場、あるいは万能の再生工場のようなもので、この人工的「無限空間」の費用を、個人は分担しなければならない。[8]

「個人に自由を、国家に制限を」との加藤の主張は、確かに、近代社会における国家と個人の歪んだ関係からすれば、傾聴に値する。環境問題は、個人と国家との関係から再考されるべきだ。問題は、それが、どのようにして実現されるかであり、必要なのは、そのためのプログラムではなかろうか。たとえば、国家の力を弱めることは、地球中心主義にのっとった、国家間のネゴシエートだけで可能だろうか。そうではなく、個人や他の社会組織との関係性の中で、国家の相対的な力の大きさが決まってくるのではないだろうか。また、廃棄のために人工的な無限空間を造り、それを個人が負担するだけでは、廃棄物の総量は必ずしも抑制されないだろう。また、有限の地球に無限空間をつくりあげることは、原理的にも無理がある。

鬼頭秀一は、環境問題の解決に対して、より洗練されたネットワーク論を展開している。[9] 彼の議論は、自然対人間、個人の欲望・自由対全体の利益といった、対立的図式をとるのではなく、人間の自由や欲望、そして権利は、社会的な枠組みの中で意味をもつ概念であることを前提にし、生態系である自然をつくり出す要素間の関係性として、環境の問題を考えていこうとするもので、非常に示唆に富んでいる。

人間と自然とのかかわりに関して、彼は、「生業」と「生活」という相補的概念を導入する。

「生業」は、人間の自然に対する能動的な働きかけ、すなわち、人間から自然へ向かうベクトルが強い営みを、「生活」は、逆に、人間が自然から受ける受動的な働きかけ、すなわち、自然から人間に向かうベクトルが強い営み、をあらわしている。両者のベクトルの方向は異なっていても、その関係は不可分であり、この二つの働きかけの営みの中に、自然は、人間との関わりにおいて全体性をもったものとして立ち現れるのである。そして、この「生業」と「生活」のなかに、社会的、経済的な繋がりの様々なネットワークが存在し、それらネットワーク総体である自然と人間とのかかわりの中に、人間の多様な文化もあると考える。

さらに、彼は、自然と人間との社会的、文化的繋がりのネットワークの中で、総体として自然とかかわり、生業を営み、生活を行っている理念型の関係性を「生身」、反対に、ネットワークが分断され、切り離された人間と切り離された自然との部分的な関係性を「切り身」と名づけ、この二つの概念によって、要素間の関係性を議論している。それによれば、環境問題の本質は、人間と「生身」のかかわりあいがあった自然が、「切り身」化していくことである。したがって、環境問題の解決のためには、「生身」の関係、つまり人間―自然系の「全体性」を回復することが必要となる。この場合の、回復されるべき「全体性」とは、漠然とした「全体性」でも、実体としての「全体性」でもなく、様々なレベルで存在している社会的・経済的リンクと、文化的・宗教的リンクのネットワークの総体である。

鬼頭の社会的リンク論は、南北間格差、地域の問題、先住民と開発など、環境問題の本質に関わる問題に対して、社会・経済的、文化的なアプローチを可能にする非常に優れたものである。

さらに、徳目としての環境倫理のもとに全体論を実体論として展開するのではなく、関係性のあり方を全体とのかかわりでとらえていこうとするもので、環境ファシズムを周到に回避した炯眼の議論であるといえよう。

残された問題は、さまざまなリンクのネットワークをどのようにつなげていくか、「切り身」としての人間や社会システムがどのようにしてつながっていくか、その方法論と主体形成（ライフスタイル獲得）にあるのではないだろうか。「切り身」としての自己を自覚し、つないでゆく営為に人間をいたらせるものはなんだろうか、そしてその営為を継続するためには、なにが必要なのであろうか。

ここに、人間の世界観の形成、そして、それに対して最も大きな影響をもつ情報や教育・学習が大きく浮上してくる。

## 4. 環境教育と環境ファシズム

情報が人間を作り上げることは、すでに述べた（第6章、第7章）。環境問題をつくりだすのも、それを解決するのも人間にかかっている。なぜなら、人間は、環境を破壊するだけでなく、環境を守るようにも行動できる動物だからだ。そして、そのような営為をもたらすのは、人間の脳であるからだ。その脳の形成、すなわち、人間の内的世界の形成に、情報は決定的な役割を果たす。

情報による人間形成を、系統的、制度的に行おうというのが教育である。したがって、教育は、環境問題をはじめとする人間社会の諸問題に、深くかかわることになる。注意しなければならないのは、そのかかわり方は、プラスの方向にも、マイナスの方向にも可能なことである。たとえば、日本の翼賛体制は、教育によって担われ、強化された。しかも、当時旗を振っていたリーダーたちの多くは、そのまま、戦後、民主教育の旗を振ったのである。[10] 同様のことは、教育だけではなく、政治、経済、文化など、日本社会すべてに見られた現象である。[11]

環境に関した教育も、同じような危うさをはらんでいる。環境教育は、この観点から再考されなければならない。

近代の教育は、規範を大前提にしてきた。八紘一宇であれ、民主国家のための教育であれ、規範は、全体性を作り上げるために有効である。そして、一般社会も、教育の世界も、それが単純なシステム構成であればあるほど、規範は効率的に機能する。

現在の日本の教育は、定められた基準を遵守するように要請されたシステムである。特に、教育の内容に関しては、厳しい枠が課せられている。一方、国は、新しく、環境教育の実践を推奨している。現時点ではまだ、試行錯誤の段階であり、その分、かせられた枠はゆるい。しかし、今後、環境保護のために教育すべきとされる内容が整備されればされるほど、自由闊達な試みは乏しくなって、創造性からはほど遠い隘路へと、環境教育は追いやられてしまうだろう。それが杞憂でないことは、環境教育に、「新しさ、おもしろさ、自由」を求める考え方に対して、「危険！」とのことばが、この国の環境教育の関係者から投げかけられた（第8章）ことからもうかがえよう。

「危険！」は、教育の基準にそぐわぬと判断されたところから発せられたことばに違いない。

その基準は、ある規範に基づいて、設定されているだろう。このできごとは、環境教育に規範が規定されれば、近い将来、環境ファシズムが到来することを暗示している。

現在、環境教育には、二つの立場がある。一つは、環境問題の解決のために、教育で環境保護を扱わねばならないとする立場、もうひとつは、教育のために、環境問題を題材とする立場である。前者は、環境保護が目的としてあり、教育は、そのための手段にすぎない。この場合、目的が手段を浄化すれば、環境教育は、環境ファシズムをもたらすだろう。基準、あるいは規範は、それを権威づける。

規範は、不動のものではない。時代の変化や政策によって、規範が変われば、教育は見かけ上、大きく変化する。しかし、人は変わらなくても済むのである。たとえば、規範によって、環境を守るようしつけることはできる。だが、それは見かけ上の行動にすぎない[12]。規範によって、環境を守るライフスタイルを生みだす内的世界をつくりあげることはできないのである。

したがって、環境ファシズムを回避するためには、環境保護を必ずしも目的としない環境教育が求められているといえよう[13]。環境問題は、教育（人間の能力の向上の支援）における一つの題材にすぎないとみなすのである。では、環境問題を題材として扱う場合、どのようにすれば人間の発達を促す教育が有効になされるであろうか。そのキーワードはやはり、情報にある。人間にとって、意味のある情報は、「新しさ」「おもしろさ」「自由」の３Fを感じさせるものである（第6章）。そしてこの３Fが、環境問題の題材化とどのように結びつくかを、教育の場で、不断に検証し、環境題材を進化させていけば、環境ファシズムとは無縁の教育が可能となるだろう。これは、広い意味で、教育技術の開発に相当する。

私たちは、技術が様々な思惑を凌駕した例を、コンピュータ教育にみることができる。コンピュータ教育なるものは、当時のパソコン不況脱出を教育マーケットに求めた企業、学校教育の行き詰まりを教師の増員よりは安上がりなコンピュータでごまかそうとした国、教育工学の御旗を打ち出の小槌のように振り続けた学者たちの思惑が一致して、「日本も情報化に遅れてはならない」のかけ声とともに登場した。しかし、その後、予想をはるかに超えた情報機器の低廉化、家庭用ゲーム機の普及、そして、コンピュータネットワークの発達は、コンピュータを、特別なものとして教育の場で扱わねばならない理由を消滅させてしまった。

環境問題を題材とした教育の技術は、コンピュータのようにすばやくは、進歩しないだろう。しかし、環境問題を対象とすることによる教育の質的転換（教育の蘇生）は極めて重要な意味をもっている。それは、進歩原理を前提にし、規範を中心にした近代教育システムを、根本から問い直すことになるからである。このとき、やはり、情報の3Fが、教育技術開発の基本となるだろう。なぜなら、内容と方法に新しさがあってこそ、教育は、人間に知的刺激をもたらす、真におもしろいものになりうるし、それを保障するのが、人間の学習活動を活発にする精神的な自由であるからだ。そしてまた、学習する側にとって、これら三つの条件が、想像力を創造力へと導く重要な要素であるからだ。

## 5．情報化社会とファシズム

情報は、容易に社会操作と結びつく。ヒトラーが、メディアを宣伝に活用したことはよく知られている[14)]。現在、当時とは比較にならないほど、情報の社会的な影響力は大きい。情報化社会の中で、大規模な情報操作を招かないためには、個人情報のセキュリティや分散型ネットワークの安全性の確保といった技術的側面の他に、情報化時代を主体的に生きる人間の問題がある。それは、必要な情報を選び取り、判断し、活用する能力をもった人間、すなわち、自立した情報人間としての成長である。そして、情報人間の内的世界の形成のための情報の在り方が問題となる。では、現代の情報化社会は、人間が情報を摂取し、自己の内的世界をつくりあげるのに、有利であろうか。

情報の量を考えた場合、情報化は、情報流通のコストを大幅に下げる。情報にアクセスするための技術的障壁も低くなる。したがって、情報量の増大は、情報による人間の発達、意思決定、ライフスタイルの確立を容易にするはずである。しかし、現在、急増する情報は、その多くが未消費なだけでなく（第12章）、かえって、人間の意思決定を不確かなものにしたり、情報過多からくるストレスが、精神的、社会的病理の原因にもなっている。このような中で、情報化時代を主体的に生きるためには、なにが必要であろうか。

まず、人間の主体的な情報管理能力と情報活用を支援する技術的、社会的システムが必要だろう。主体的な情報管理能力とは、最近流行の押しつけがましい自己責任能力のことではない。自分に備わった、意識的、無意識的なフィルターをかけて情報を取り入れ、内的世界を築き、外の世界から発せられる情報を分析して、その世界を正しく理解し、認識する能力、特に、他者の内的世界を理解する能力である。そのためには、メディアや国家によってかけられた情報フィルターを見破り、その彼方にある本物の情報にアクセスする能力も必要だ。これらが、情報化時代の情報リテラシーである。そして、この情報リテラシー獲得のためにも、情報についての3Fが、情報を取得する際の選択基準となるだろう。ただし、この3Fは、絶対的なものではない。3Fは、脳の形成過程（人間の発達過程）に応じたもの、すなわち、人間の多様な世界の状態に応じものであり、相対的なものである。このように、メディアによる情報のフィルターではなく、自らが、3Fというフィルターをかけながら、情報を摂取する能力を養うのである。

人間には、本来、情報取得の欲望がある。知への欲求といっても良い。所有欲、支配欲の拡大が、資源・環境問題を深刻化させたことは事実であるが、もし、これらの欲望だけから人間社会が成り立っているとすれば、人間社会システムはもっと、単純なものであっただろう。消費社会において、モノ自体の所有よりも、むしろ、モノに付随した様々な付加価値が重要となっている。[15] そのほとんどはモノに付与され、様々な差異をつくり出す記号である。記号は、世界をあらわす意味以外の何ものでもない。したがって、記号によってモノに付与された象徴的意味は、人間にとって、モノの発する情報といってよいだろう。二〇世紀が、工業的に生産されるモノの象徴性を消費する時代であったとするならば、二一世紀は、生産物でないモノ、たとえば自然などのアクチュアルな現実がもつ象徴性（情報）を人間のために活用する時代になるのではなかろうか。

情報による人間の内的世界の形成には、バーチャルな現実とアクチュアルな現実の両方が必要である。人間の世界は両者のせめぎ合いとバランスの上に成り立っている。アクチュアルな現実の情報から築かれたた世界は、写実的、平面的であり、時間の広がりをあまりもたない。逆に、バーチャルな現実の情報からつくられた世界は、空想世界を増大させる。

産業革命を契機とし、二〇世紀に完成した近代社会は、工業的生産物を中心とした、アクチュアルな現実からの世界形成を増大させてきた。モノの獲得量を増やすことによって、人間の生活世界のみならず、内的世界をも広げてきたのである。しかしその世界は、写実的に描かれた西欧世界であった。二〇世紀は、より多くのモノの獲得によって、文明のフロンティアが拡張され、さらに人間の持つ世界も大きく豊かになっていくという幻想が生きていた時代ともいえる。しかし、アクチュアルな現実を通して形成される世界が次第に肥大化し、その結果、人間の持つ世界のいびつさが、いろんなところできしみを生じ始めている。

一方、自然はアクチュアルな現実である。しかし、自然は再生産されない。一度破壊された自然は、容易に回復することはできない。したがって、アクチュアルな世界であっても、大量に再生産される工業生産物に対して、自然は、人間にとって異なる意味をもってくる。自然のもつ象徴性、それは自然が即物的であると同時に、バーチャルであることを意味している。川や海など、再生産されない自然は、アクチュアルでありながら、バーチャルなのである。だからこそ私たちは、工業製品に対してではなく、自然に対して夢を託すことができる。それはちょうど、私たちが、小説や映画、コンピュータゲームにあこがれたり、感動したりすることに相当している。[16] 重要なのは、両者のバランスである。モノポリーな世界は、ファシズムの源泉となる。近代社会は、アクチュアルな現実からの世界の比重が増大したモノポリーな世界であり、その歪みの是正は、バーチャルな現実やバーチャルな象徴性を持つアクチュアルな現実（自然）によるしかないだろう。

## 6. 人間社会システムとコミュニケーション

人間社会システムと情報の関係から、環境ファシズムを考えてみたい。現在、様々な社会システムが存在するが、その中でアーミッシュ社会はきわめて特徴的である（第9章）。そこでまず、アーミッシュと現代社会を比較しながら、社会システムとファシズムとの関係を考察してみよう。

アーミッシュ社会は、均質である。均質性をもたらす最大の要素は、情報の制限である。しかも、アーミッシュ共同体では、行為の基準を構成員個々の利益におくのではなく、共同体それ自身の利益におく全体論的論理が優先する（第12章）。

しかしながら、アーミッシュ社会は、ファシズムを免れている。それは、彼らのつつましやかさや平和主義、家族の強い絆、共同体の相互扶助、オルドヌングやシャニングといった独特の社会制度にもよるだろう。だが、最大の理由は、彼らが、家族と地域社会（コミュニティ）を生活のすべてとしていることにある。これら二つの小さなシステムが、アーミッシュ社会を健全なものに保っている。小さなシステムでは、少ない情報量であっても、密なコミュニケーションが可能である。しかも彼らは、メディアに依存せず、表情や雰囲気も伝わる直接対話を尊重する。これによって、わずかの情報量で、内的世界を直接交換し合うのである。このようなコミュニケーションによって得られた他者の内的世界は、限りなく本物に近い。そして、彼らの内的世界は、共有される。小さなシステムの中での、内的世界の理解と共有。これが、彼らに、アイデンティティをあたえ、ファシズムによらずに、彼らの社会システムを持続可能なものにしているのである。

一方、現代社会は、様々な病理に苦しんでいる。資源・環境問題から、非行、離婚、漠然としたイライラ、心の病にいたるまで、これらの病理を、アーミッシュのようなやり方で、解決することは大変難しい。

しかし、現代の社会システムも、情報を手がかりにして、解決の道を、模索することはできる。そのためには、大量の情報が、密なコミュニケーションをつくりだすという近代社会の前提を、もう一度考え直さねばならない。いつの時代も、若者たちの感覚は新鮮である。彼らは、量が質を生み出すという近代の情報理論に、そして、その情報理論に基づいて築かれた現代世界に、漠然とした不安を感じているのではないだろうか。疑いをもちつつ、彼らは、現代世界の出口と新しい世界の入口を探し、コミュニケーションへの彷徨を続けている。携帯電話に夢中の若者は、彼のコミュニケーション願望を、空回りさせてはいないか。援助交際は、醒めた若い女性たちの、やり場のないコミュニケーションの一形態かもしれない。したがって、個人と情報との関係を洗い直し、新しい時代のコミュニケーションをつくりだすことが、これからの社会の主要な課題となるだろう。

システムにとっても情報は様々な意味をもつ。その中でも、意思決定に及ぼす情報の役割は最も重要だろう。正しい意思決定、他のシステムより早い意思決定は、そのシステムを優位な位置に導く。これが、各種システムの力の差をうみだす。国家というシステムが、個人より強大なのは、国家が、法制度によって、個人を拘束、処罰する権限を有しているだけではなく、近代社会では、情報量の違いが、二つのシステムの力の違いをつくり出している。したがって、両者の力の差からくる歪みは、情報のあり方によって是正が可能となるだろう。加藤尚武の言う「国家に制限を、個人に自由を」は、「国家には情報の公開を、個人には情報の保護を」と言い換えることができる。

人間社会システムにとっても、コミュニケーションの問題は重要である。現代社会では、社会経済的、文化的なグローバル化がすすんでいる。それをもたらしているのは、もちろん、情報である。情報によって、国境はほとんど意味をもたない。遠く離れた地域の人々とも、様々なやりとりが可能となり、新しい社会システムが次々と誕生している。しかし、その場合、密なコミュニケーションが可能であろうか。グローバル化とコミュニケーションの関係から、情報化社会の行方を見定める必要があるだろう。

また、同一社会システム内のみならず、様々なレベルの異種システム間でも、コミュニケーションがはかられねばならない。人間と人間のコミュニケーションの場合、コミュニケーションとは内的世界の交換と理解のことであった。人間（個）以外の社会システムには、人間のような、情報によって変化し、発達する内的世界はない。かわりに、情報の収集、蓄積、処理、発信などの情報活動と意思決定のやり方、さらに、そのシステムの歴史感覚や雰囲気といったものが、あるシステムの内的世界に相当する。

システムの内的世界の理解、すなわち、異種システム間のコミュニケーションを可能にするには、システムを繋ぐ言語（情報）が必要である。また、システム間を繋ぐ新しい社会システム（NPOなど）の役割も重要となる（第10章）。

環境問題などグローバルな問題の解決にも、システム内、システム間のコミュニケーションが、最大の課題となるだろう。個人と全体をつなぐ環境問題に対して、人間の作った技術や制度が、個人と各種の社会システムをつなぎうるかどうか、情報化社会のなかで、やわらかなファシズムを招かないためには、あらゆるシステム内、システム間のコミュニケーションを保障する技術と制度を、これから築いていかねばならないだろう。

## 7．おわりに

地球温暖化防止に関する国際会議は、京都でのCOP3をはじめとして、持続可能な社会のための環境のあり方という本来の事柄以外に、私たちに大きな課題を投げかけている。各国は、二酸化炭素削減目標に対する行動プログラムを早急に作成せねばならない。会議は、国という大システムのライフスタイルを討議する場である。しかし、その結果は、国を構成する各種社会システムから、最終的には個々人のライフスタイルまでをも規定する。国、自治体、企業、学校、家庭、個人など、人間社会を構成するそれぞれのシステムは、二酸化炭素削減を達成するのにふさわしいライフスタイルを選び、実行しなければならない。

そのためには、各社会システム内およびシステム間での合意形成や意思決定の仕方を決めるという、われわれが未だ経験したことのない難題に取り組まねばならない。社会システムの目標設定や政策の立案、決定、そして実行のための政策科学が求められているのである。

だが、地球規模の課題に対して、これまでの議会制民主主義は、十分に機能できるのだろうか。同様の疑問は、原発や産業廃棄物についての住民投票からも浮かび上がる。上位の機関が広い裾野の意思を代表するということを前提にしたこれまでの制度から、政策決定、意思決定のプロセスを国民一人一人の選択にゆだねる、新しい制度への転換が迫られているのではないだろうか。地球環境問題のような難問を解決するためには、合意づくりのためのプロセスが必要だ。このような新しい民主主義のためには、情報の完全公開を前提として、情報の取得、蓄積、処理、発信システムや制度の確立が必須であろう。

さらに、私たちが、十分で、確かな情報を取得、蓄積し、処理、発信できる自立した人間、すなわち情報人間に成長することが要請されている。また、モノと人間の関係を再構築する営みもぜひとも必要である。モノと人との関係は、情報の観点からすれば、モノから人への一方通行である。モノの発する情報を人間が得て、自分の内的世界を築いたり、安らぎをえたりする。そして、モノと人間の関係の回復にも、人間の内的世界と自然(モノ)をつなぐ情報が手がかりとなるだろう。アクチュアルなモノとして自然をとらえてきた近代社会に対して、現実世界にバーチャルな意味を見いだし、その意味を情報として、自己の内的世界の形成に資すること。川と魚に一生向き合い続けてきた老釣り師たち(第5章)は、おそらくアクチュアルなものにバーチャルを見いだす人々であったろう。私たちが、老釣り師たちの世界に一歩でも近づき、一方でなお、情報化への違和感をも保持できるような相対的思考が可能ならば、エコファシズムとは無縁の社会の到来を、二一世紀に期待してもよいのではないだろうか。

## 註

1) H．アーレント、大久保和郎・大島かおり訳『全体主義の起源』一—三巻　みすず書房、一九八一年
2) W．ラカー、柴田敬二訳『ファシズム』刀水書房、一九九七年
3) W．ライヒ『ファシズムの大衆心理』上下　平田武靖訳、せりか書房、一九七〇年
4) 「万物に霊がやどる」といわれるように、日本には人間も自然の一部だとするアニミズムがふるくから存在した。にもかかわらず、日本も、近代化の波の中で、西欧と同じような環境問題を引き起こしている。
5) R．F．ナッシュ、松野弘訳『自然の権利』筑摩書房、一九九九年
6) A．レオポルド『砂の国の暦』一九四九年（新島義昭訳『野生のうたが聞こえる』講談社、一九九七年）
7) T．リーガン「動物の権利の擁護」、小原秀雄監修『環境思想の系譜三　環境思想の多様な展開』東海大学出版会、一九九五年、二一—四四頁。P．シンガー「動物の解放」S．フレチュット編、京都生命倫理研究会訳、『環境の倫理』上巻、一九九三年、晃洋書房、一八七—二〇七頁
8) 加藤尚武『環境倫理のすすめ』筑摩ライブラリー、一九九三年、四六—四八頁

9) 鬼頭秀一『自然保護を問いなおす』筑摩新書、一九九六年
10) 長浜功、『教育の戦争責任』大原新生社、一九七九年
11) 思想の科学研究会編『転向　共同研究』下巻、平凡社、一九六二年
12) 環境税を課すことによって、環境問題の改善は可能である。また、槌田敦は、物質循環を阻む個人や制度に対して、課税したり、法的禁止策を提言している（『熱学概論』朝倉書店、一九九二年、「持続可能性の条件」名城商学、第四八巻第四号七九―一〇八頁、一九九九年）。本書は、人間の側からのアプローチのため、そのような論に言及しないが、税や施策の場合も、ファシズムの問題を避けては通れないだろう。
13) 杉原利治「教育を変える環境教育」毎日新聞、一九九四年四月一九日夕刊
14) 佐藤卓己『大衆宣伝の時代』弘文堂、一九九六年
15) J．ボードリヤール、今村仁司・塚原史訳『消費社会の神話と構造』紀伊國屋書店、一九七九年
16) 杉原利治「骨董の宇宙・人間の宇宙」『あうろーら一八号　宇宙と海と大地／文明のフロンティア』七一―八一頁、二〇〇〇年

# あとがき

現代科学は、マクロな現象をミクロな機構で説明してきた。例えば、分子生物学、さらに生物物理学は、生体分子の構造と機能が一対一に対応することを実証した。それにしたがえば、生命体から社会システムに至るまで、システムの構造の変化は、機能の変化をもたらすことになる。かつて、DNAやタンパク質などの構造変化と機能変化の関係を分子レベルで解明する研究を行っていた私が、四半世紀後、環境情報による人間の変化・発達、そして、社会システムの変化をうたう一書を著すのも、それなりの必然というものであろうか。

論創社森下社長から、出版をすすめられたのは、脳出血で倒れた母に付き添って泊まり込んでいた病院の中であった。爾来、生来の筆無精もあって、はや一三年が過ぎてしまった。大学病院のミスによって右目を失ったことも、はなはだしく遅れた理由の一つとして、お赦しいただきたい。実際、数多くの文献に目を通したり、つたない文章を推敲するのは、隻眼の身には、かなりつらい作業であった。

この本を通じて、私は、環境をめぐる人間の問題への共感と違和感を語ったつもりである。本書が、決して読みやすいものでないことは承知している。難解な表現のみならず、あまり上品でない言い回しもある。それらは、私が置かれた現在の状況、そして、私と環境問題の関係を反映しているものと理解していただきたい。ただ、環境問題を論じる中で、「ネズミを捕るのが良い猫」の論理だけは、なんとしても否定したかったことをも、あわせて御理解いただければ幸いである。

本書を上梓するにあたって、論創社の森下紀夫、赤塚成人氏、津山明宏氏（現、吉夏社）、元衣生活編集部、鈴木隆雄氏に大変お世話になった。適切な助言をいただいた岐阜大学の同僚諸氏にも厚くお礼を申し上げる。

最後に、本書を、意識が戻ることなく逝った母、そして弱気になりがちな私を励ましつづけてくれた妻真弓と三人の息子たちに捧げたい。

杉原利治

2000年3月

# 初出誌一覧

第1章　「公害から環境を考える」『衣生活』、三三巻四号、一九九〇年
第2章　「家庭生活から環境を考える」『衣生活』、三三巻五号、一九九〇年
第3章　「衣服―ひと―環境」『衣生活』、三四巻四号、一九九一年
第4章　「洗剤から環境を考える」『衣生活』、三三巻六号、一九九〇年
第5章　「川と人間から環境を考える」『衣生活』、三八巻三号、一九九五年
第6章　書き下ろし
第7章　「人間の発達から環境を考える」『衣生活』、三七巻五号、一九九四年
第8章　「環境問題は教育を変える」『衣生活』、三六巻四号、一九九三年。「危険な環境教育から環境を考える」『衣生活』、三六巻六号、一九九三年
第9章　「アーミッシュのライフスタイル」『あうろーら 七号 近代の光と闇』一九九七年
第10章　「*New Strategies of Sustainable Society. I. The Role of Environment, Information and Lifestyle in Socio-Organic Systems*」Journal of ARAHE, Vol.3, 41-46（1996）「人間社会システムにおける情報、環境、ライフスタイル」『あうろーら 一〇号　新世界システムの構築』一九九八年
第11章　「国家から家庭へ―大熊信行博士の家庭観の成立―」『岐阜大学教育学部研究報告（人文社会科学）』三三巻、一九八五年
第12章　「アーミッシュの生活規範―再洗礼派と田園―」『比較法史研究八号―複雑系としてのイエ―』一九九九年
第13章　書き下ろし

〔著者略歴〕
杉原利治（すぎはら・としはる）
1947年岐阜県生まれ．京都大学工学部卒．同大学院，
ハーバード大学医学部を経て，現在，岐阜大学名誉教授
環境情報論．工学博士．
主な著書に，『家庭廃棄物を考える』（昭和堂，1991，共著）
『生活とコンピュータ』（大衆書房，1996，編著）
『アーミッシュの謎』（論創社，1996，訳書）
趣味：能楽，骨董，渓流釣り，有機農業．
勤務先：〒501-1193　岐阜市柳戸1-1
住所：〒501-0313　岐阜県本巣郡巣南町十七条1116
E-mail；chisei@cc.gifu-u.ac.jp

21世紀の情報とライフスタイル——環境ファシズムを超えて
二〇〇一年三月二五日　初版第一刷発行
二〇一六年一〇月一〇日　初版第三刷発行
著者　杉原利治
発行所　論創社
東京都千代田区神田神保町二―一九　小林ビル
電話　〇三（三二六四）五二五四
FAX　〇三（三二六四）五二三二
振替口座　〇〇一六〇―一―一五五二六六
組版／ワニプラン
印刷・製本／中央精版印刷

ISBN4-8460-0261-6